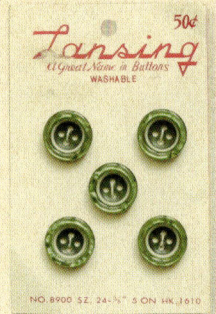

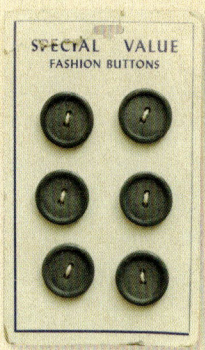

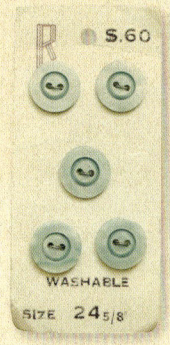

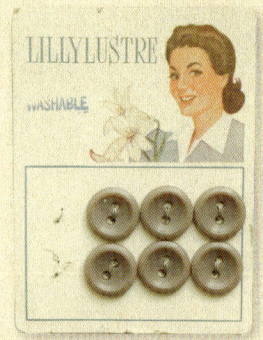

I Love Button

BUTTON

82가지 핸드메이드 프로젝트

I Love Button

My Happy Crafting!

어릴 적, 엄마는 단추를 철재 소재의 사각 박스 안에 모아 두셨어요. 단추가 떨어진 옷이 있으면 어울리는 것을 금세 그 안에서 꺼내 달아 주시던 기억이 납니다. 반짝이는 것들이 가득 담겨 있고 은은한 섬유향이 나던 그 박스가 어린 저에게는 마치 보석함 같았지요.

손재주가 있는 엄마를 닮아서인지 어렸을 때부터 유난히 손으로 무언가를 만드는 것을 좋아했습니다. 선물을 포장하고 카드를 만들고 노트와 필통을 만들었어요. 나이가 들면서는 귀고리, 리본 핀과 같은 액세서리를 만들었지요. 손바느질로 작은 소품을 만드는 재미도 느끼게 되었습니다.

그런데 이런저런 것들을 만들다 보니 무얼 만들던 빠지지 않는 것이 하나 있었습니다. 바로 단추였어요. 어느새 저 또한 둥근 틴 박스 안에 하나둘 단추를 모으고 있었던 것입니다.

나의 틴 박스는 엄마의 것보다 더 알록달록해졌습니다. 틴 박스가 점점 차올라 마침내 더 큰 박스를 찾아야 했을 때, '단추를 주재료로 활용해 보면 어떨까'하는 생각을 하게 되었습니다. 단추로 소품을 하나둘 만들어 보기 시작하면서 그 쓰임새가 실로 무궁무진하다는 것을 알게 되었지요.

흔히 단추를 옷에 부착하는 것으로만 알고 있는데, 단추는 생각보다 다양하게 활용할 수 있습니다. 어떤 것을 어떻게 장식을 하느냐에 따라 전혀 다른 느낌의 옷이 완성됩니다. 이것은 비단 옷 뿐만이 아닙니다. 단추 자신이 액세서리가 되거나 장식이 될 수도 있습니다. 또한 작은 단추 하나가 인테리어를 위한 데코 아이템이 되기도 하며 단추를 응용한 선물 포장과 핸드메이드 카드로 마음을 전할 수도 있습니다. 작고 가볍지만 사용하는 사람에 따라 전혀 다른 결과물이 나올 수 있다는 것도 단추의 매력입니다.

이 책은 저처럼 핸드메이드 크라프트를 좋아하는 독자들을 위한 것입니다. 집에서 누구나 쉽게 만들 수 있도록 복잡한 기술을 요하거나 까다로운 도구가 필요한 작품은 다루지 않았습니다. 집에서 손으로, 손바느질로 최소한의 도구를 사용해 만들 수 있는 쉬운 아이템들만 담았습니다. 그러니 집에 굴러다니는 단추로도 개성이 담긴 '나만의 것'을 만드는 즐거움을 느낄 수 있습니다. 물론 개성있는 단추가 있다면 더욱 좋겠지요.

책을 만드는 동안 다양한 단추를 찾아내어 그에 맞는 작품을 만들고 촬영하는 일은 무척 고되었습니다. 하지만 단추를 다룬 책은 국내에 출간된 적이 없는지라 색다른 발견에서 오는 기쁨을 느낄 수 있었습니다. 여러분도 책 속의 아이템을 하나둘 직접 만들어 보면서 단추의 매력을 알게 된다면 좋겠습니다.

마지막으로 이 책이 세상에 나올 수 있도록 손을 내민 수작걸다의 대표님, 예쁜 책을 만들 수 있게 함께 해준 스탭들, 그리고 물심양면으로 도움을 준 가족에게 특별한 고마움을 전하고 싶습니다.

Contents

Home Deco

**색다른 인테리어 데커레이션을 위한
단추 장식**

Style

**스타일리시한 옷과 패션 소품
리폼 아이디어**

Accessory

단추로 만든
개성 만점 핸드메이드 액세서리

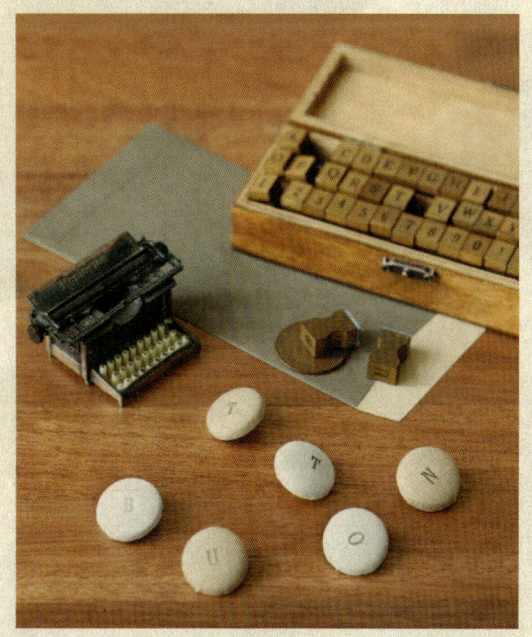

단추로 만든 실용적인 아이템

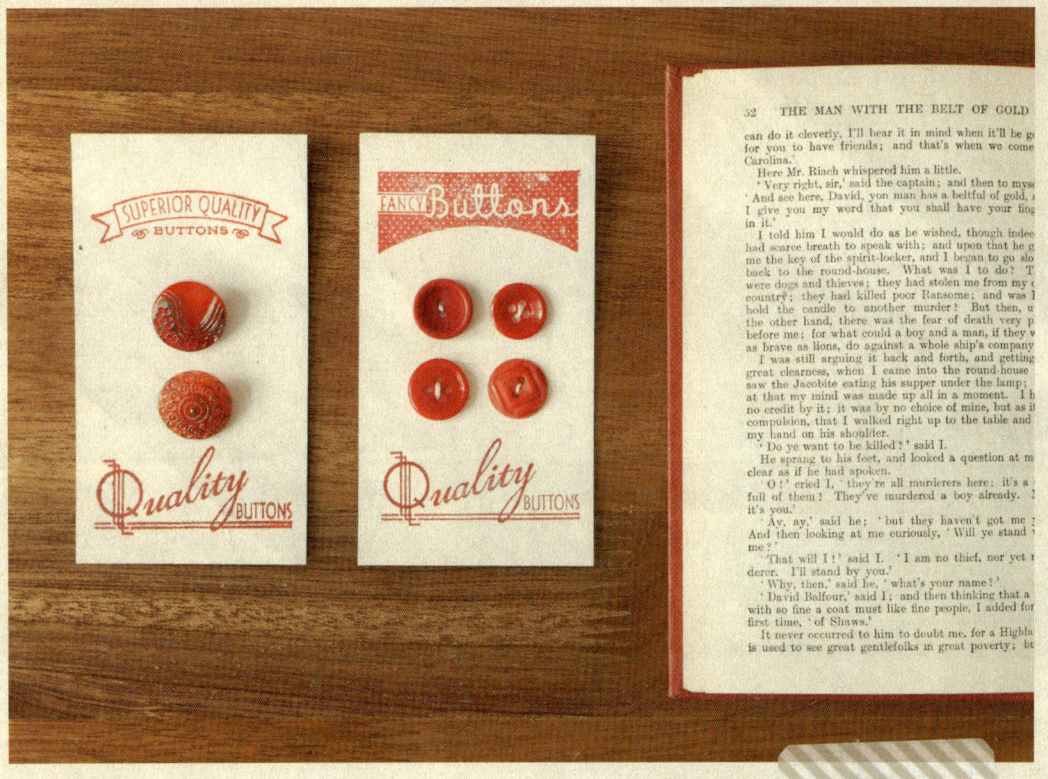

All about Button Decoration

Handmade Project 82

type

tool

sewing

technique

decoration

stitch

Lesson

조물조물 단추 공작실
단추 크라프트의 기초 수업

Lesson 01

단추의 종류

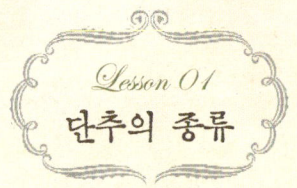

소재

단추의 소재는 크게 셋으로 구분할 수 있어요. 나무, 가죽, 뼈, 조개 등의 천연 재료와 아크릴, 폴리에스테르, 플라스틱, 유레아, 나일론 등의 인공 소재, 그리고 금속 단추로 나눌 수 있습니다. 천연 재료로 만든 단추는 광택과 색이 고급스러운 반면 모양과 색이 일정치 않고 가격이 비싸다는 단점이 있지요. 합성 소재를 원료로 만드는 인공 소재 단추는 폴리에스테르나 플라스틱이 인기가 있어요.

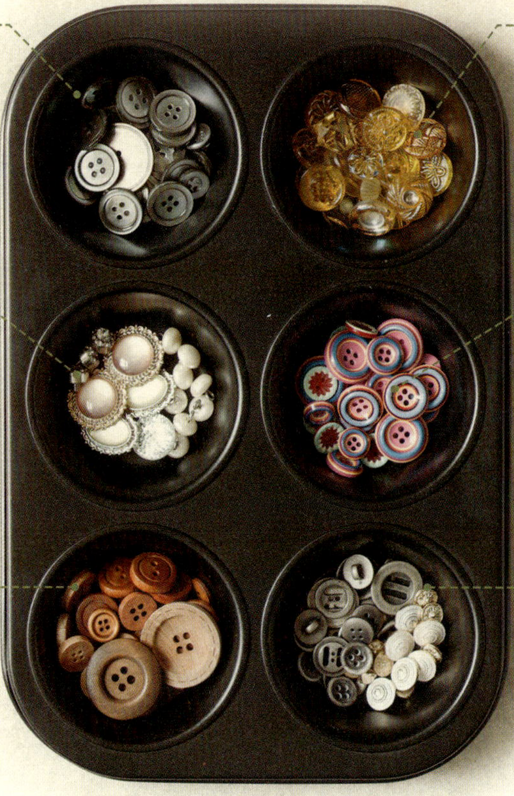

자개
대표적인 천연 소재 단추. 홍합, 진주 조개껍데기, 전복껍데기 등으로 만듭니다.

아크릴, 유리
깨끗한 느낌을 주는 아크릴, 유리 소재의 단추. 컬러를 입혀 화려함을 더한 스타일도 많으며 앤티크 단추에서 흔히 볼 수 있습니다.

큐빅, 보석
큐빅, 보석, 진주 장식의 단추는 천연 소재 자체로 사용하거나 금속 소재와 더해 화려한 느낌을 줍니다.

플라스틱
가볍고 저렴한 것이 특징. 다양한 모양과 컬러로 가장 무난하게 사용할 수 있습니다.

나무
결이 고운 나무부터 야자, 대나무 등 독특한 질감이 특징입니다. 나무 단추는 가격이 저렴하면서 자연스러운 느낌을 줄 수 있어서 즐겨 사용됩니다.

금속
아연, 신주 등을 성형해 만드는 금속 단추. 독특한 느낌을 살리고 싶을 때 적당합니다.

❧ 모양과 쓰임새 ❧

단추는 형태에 따라 터널 단추, 구멍 단추, 꼬다리 단추로 나뉘며 구멍 단추는 구멍 형태에 따라 1개, 2개, 4개로 나누는 것이 일반적이에요. 대개 단추는 여밈을 위한 것은 물론 장식 효과를 겸하기도 하지요. 기능적인 면을 강조하는 단추로는 토글, 스냅, 도트, 가시, 스토퍼, 벨, 싸개 단추 등이 있어요. 흔히 떡볶이 단추라고 하여 코트에 많이 다는 단추가 토글이고, 요즘 흔히 사용하는 싸개 단추는 원단을 싸서 만든 단추예요.

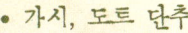

• 가시, 도트 단추

가시 단추는 가시처럼 뾰족한 부분을 원단에 고정하는 것으로 똑딱 소리가 나도록 당겨서 열고 닫는 단추입니다. 도트 단추도 이와 비슷한데 가시로 고정을 하지 않고 구멍을 뚫어서 통과시키는 점이 다릅니다. 가시는 주로 일일이 단추를 채우기 힘든 아이 옷에 즐겨 사용되며, 도트는 튼튼하게 부착해야 하는 경우에 실 대신 기구로 고정시키는 단추입니다.

꼬다리, 터널 단추 •

구멍 없이 단추 뒤에 고리를 부착한 것. 고리에 실을 꿰어 부착할 수 있게 만든 것입니다. 단추 뒷면에 실을 통과시킬 수 있도록 터널처럼 좁은 구멍이 난 것을 터널 단추라고 부릅니다.

스냅 단추

일명 똑딱이 단추라고 부릅니다. 단추의 모양을 드러나지 않게 숨길 수 있어서 깔끔한 마무리를 원할 때 요긴합니다.

디자인 단추 •

단추의 구멍에 실을 꿰어 원하는 모양을 만들 수 있는 구멍 단추. 둥글거나 일렬로 구멍이 배열되어 있으며 4개, 8개, 9개 등 개수가 다양합니다.

스토퍼, 벨 •

끈을 단추 안에 통과시켜 조이는 단추입니다. 스프링으로 끈을 조절하는 것이 스토퍼 단추이며 단추 안에 구멍을 뚫어 그 사이로 끈을 통과시켜 조일 수 있게 한 것이 벨입니다.

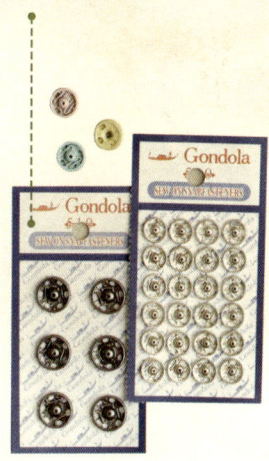

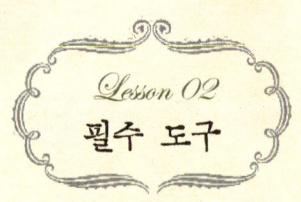

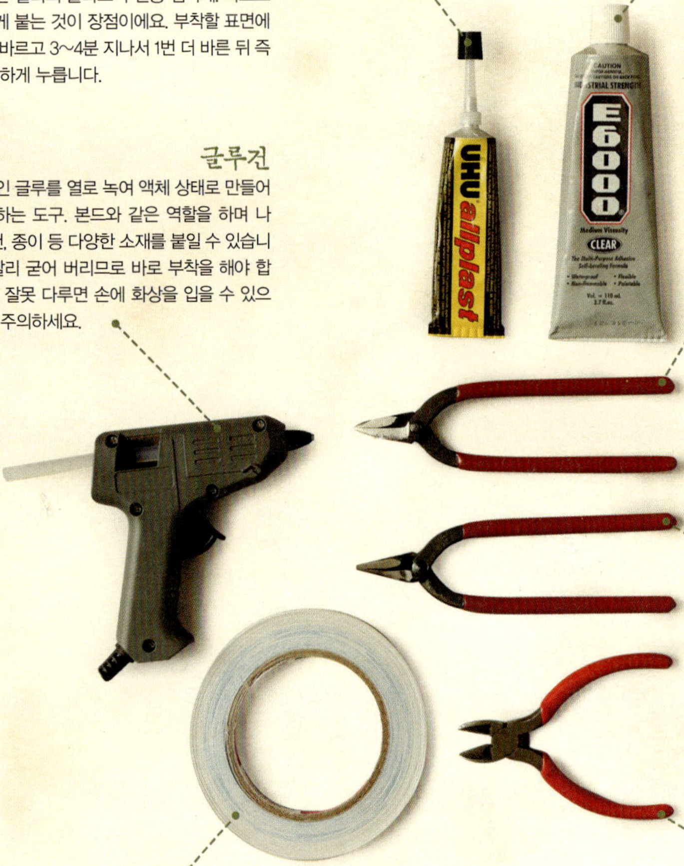

UHU allplast

투명한 컬러의 플라스틱 전용 접착제. 빠르고 강하게 붙는 것이 장점이에요. 부착할 표면에 얇게 바르고 3～4분 지나서 1번 더 바른 뒤 즉시 강하게 누릅니다.

글루건

고체인 글루를 열로 녹여 액체 상태로 만들어 접착하는 도구. 본드와 같은 역할을 하며 나무, 천, 종이 등 다양한 소재를 붙일 수 있습니다. 빨리 굳어 버리므로 바로 부착을 해야 합니다. 잘못 다루면 손에 화상을 입을 수 있으므로 주의하세요.

E6000

투명한 컬러의 공예용 본드. 바른 뒤 30분 후면 굳기 시작해 하루가 지나면 완전히 굳어요. 접착력이 뛰어나며 일반적인 본드로 붙이기 힘든 유리, 금속, 가죽, 비즈와 같은 소재에 특히 잘 붙습니다.

평 집게

평평한 날의 집게로 가장 기본이 되는 공예용 공구입니다. 부속을 닫거나 눌러서 고정시킬 때, 작은 고리를 집을 때, O링을 연결할 때, 누름볼이나 고정볼을 누를 때, 와이어를 꺾을 때 등 다양하게 사용합니다.

9자 집게

날이 둥글게 마무리된 집게입니다. T핀이나 9핀을 둥글게 구부릴 때나 와이어의 끝을 말 때 사용하기 좋습니다. 평 집게와 양쪽으로 잡고 링을 늘리거나 닫을 때 함께 사용해도 편리합니다.

니퍼

절단할 때 사용하는 공구. 안쪽의 날이 날카로워서 주로 철사나 금속류를 절단할 때 사용됩니다. 와이어, T핀, 9핀 등을 자를 때도 유용하게 쓸 수 있어요.

양면테이프

본드로 붙이기 힘든 소재를 붙일 때, 물건을 간단히 부착하고 싶을 때, 붙인 면이 눈에 띄지 않게 부착하고 싶을 때 사용합니다. 종이나 나무, 패브릭을 임시 고정할 때도 유용하게 쓸 수 있습니다.

자수 실

바느질뿐 아니라 단추에 수를 놓거나 컬러를 강조하고 싶을 때 적당합니다. 색이 다양하고 선명한 데다 두께도 굵어 스티치로 나만의 단추를 만들고 싶을 때 사용하면 좋아요.

싸개 단추 몰드

싸개 단추를 만들 수 있는 손 몰드. 1~4cm까지 다양한 사이즈가 있으며 단추 사이즈에 맞는 몰드가 각각 필요합니다. 너무 두껍거나 얇은 천은 사용하기 힘들어요.

와이어

공예용 와이어. 기본 소재는 구리로, 목걸이나 귀고리 등을 만들 때 비즈나 소재를 서로 연결할 때 사용합니다. 공예용으로는 0.5~1mm, 감는 용도로 사용할 때는 0.3~0.5mm 굵기를 선택하는 것이 적당합니다.

우레탄 줄

우레탄이나 실리콘 재질로 만든 줄로 고무줄처럼 늘어나는 특성이 있습니다. 팔찌, 반지 등을 만들 때 묶어서 마무리하세요. 0.5mm, 0.8mm, 1mm 등으로 굵기가 다양하며 가장 많이 쓰는 줄은 0.5~0.8mm입니다.

기화성 펜

천에 도안을 그리거나 위치를 표시할 때 사용합니다. 5~15분 정도 지나면 펜 자국이 저절로 사라져요.

칼

종이를 깔끔하게 자를 때, 칼집을 낼 때, 임시로 선을 그을 때 편리합니다.

자

단추의 위치를 잴 때나 지름을 재어 도안을 그릴 때, 작은 사이즈의 소품을 재단할 때는 15~20cm의 자가 유용합니다.

바늘

귀가 넓은 바늘은 구멍이 넓은 단추를 달거나 두꺼운 자수 실을 사용할 때, 좁은 귀의 바늘은 좁은 구멍의 미니 단추를 달거나 섬세한 작업을 할 때 사용합니다.

미니 가위

날이 뾰족하고 작은 가위나 쪽가위는 실을 자를 때나 좁은 표면을 자르고 다듬을 때 사용합니다.

가위

천이나 종이를 자를 때는 날이 가늘고 날카로운 가위를 사용하는 것이 좋습니다.

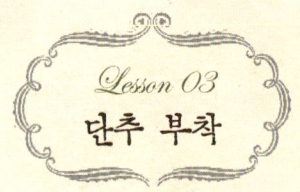

Lesson 03
단추 부착

기본 단추 •------→

가시 단추 •------→

도트 단추 •------→

❧ 기본 단추 ❧

단추를 부착한 면이 울거나 접히고, 틈이 보이지 않아야 합니다. 옷에 단추를 달 경우 달릴 자리를 정확히 잰 다음 단춧구멍의 중앙로부터 3mm 안쪽으로 달아 주세요.

How to make -----------------------------

재료 구멍 단추 1개, 초록색 실 · 펠트 적당량씩, 가위, 바늘

1. 바늘에 실을 꿰어 매듭을 지은 뒤 바늘을 단추가 달릴 자리 천 밑에서 위로 통과시킨다.

2. 천에 단추를 올리고 바늘을 단춧구멍에 넣고 천 밑으로 뺀다. 단춧구멍의 수에 따라 반복한다. 2~3번 반복해 주면 더욱 튼튼하다.

3. 마지막 단추의 구멍을 통과한 다음 천 밑으로 빼지 말고 단추와 헝겊 사이로 빼내어 실을 3번 정도 돌돌 감는다.

4. 바늘을 천 밑으로 뺀 다음 매듭을 짓고 바늘땀 밑으로 작게 한 땀을 뜨고 나머지 실을 자른다.

❧ 가시 단추 ❧

겉면이 막혀 있는 캡 가시 단추와 링 모양만 있는 링 가시 단
추가 있으며 단추와 사이즈가 같은 기구가 필요합니다.

How to make -

재료 가시 단추 1세트, 천 적당량, 가시 단추 기구(막대 기구),
펀칭 보드, 망치

1 가시 단추 겉숫놈을 단추가 부착될 천의 겉면에서 안으로 통과하
도록 가시를 눌러 준다. 막대 기구로 중심을 눌러 주면 편하다.

2 가시 위에 겉암놈을 올리고 몰드를 그 위에 올린 다음 망치로
2~3차례 두드려 고정한다.

3 단추가 여며질 천의 바깥쪽에 안숫놈을 올리고 막대 기구로 눌
러서 가시가 나오게 한다.

4 가시 위에 안암놈을 올리고 막대 기구를 얹은 뒤 망치로 두드
린다. 안과 겉의 암놈끼리 마주보게 되면 완성.

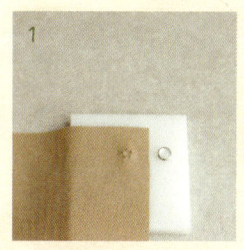 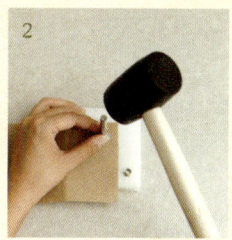
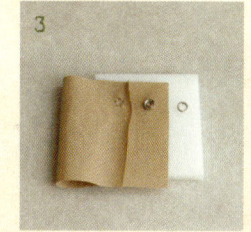 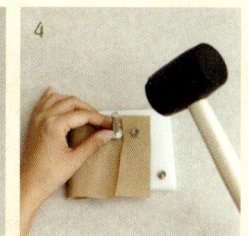

❧ 도트 단추 ❧

도트 단추와 가시 단추는 겉숫놈과 겉암놈, 안숫놈과 안암놈
이 1세트라 4가지 단추가 모두 필요합니다. 집에서는 몰드와
망치, 펀칭 보드가 있으면 편하게 작업할 수 있어요.

How to make -

재료 도트 단추 1세트, 투명 와샤 2개, 천 적당량,
도트 단추 기구 세트(구멍 펀치 · 누름쇠 · 바닥 몰드), 펀칭 보드, 망치

1 단추를 달 부분에 구멍 펀치로 구멍을 낸다.

2 뚫은 구멍에 겉숫놈을 끼운다.

3 구멍 안쪽에 겉암놈을 끼우고 기구를 올려 망치로 2~3번 두드린
다(겉암놈을 끼우기 전에 투명 와샤를 대면 더욱 튼튼하다).

4 단추가 맞물릴 천의 바깥쪽에 펀치로 구멍을 뚫는다.

5 먼저 투명 와샤를 끼운 뒤 안숫놈을 구멍에 끼운다.

6 천의 안쪽에 안암놈을 끼운 뒤 누름쇠를 대고 망치로 2~3번
두드린다. 안과 겉의 암놈끼리 맞물리면 완성.

 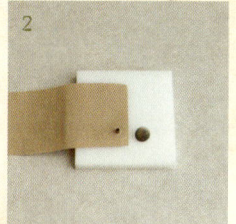
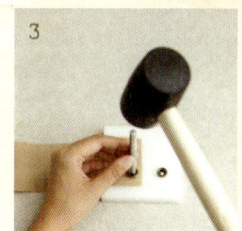 
 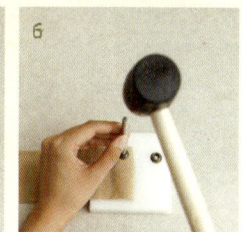

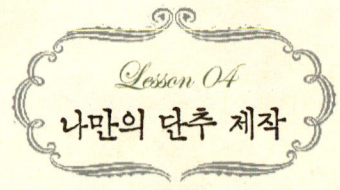

✄ 싸개 단추 ✄

싸개 단추는 천으로 감싼 단추를 말합니다. 고급스러운 수트부터 페미닌하고 내추럴한 니트까지 다양한 소재의 옷에 부착할 수 있습니다. 어떤 천으로든 만들 수 있어 나만의 단추 제작이 가능하며 단추 크기나 천의 소재, 패턴에 따라 다양한 느낌을 줄 수 있습니다. 단추 위에 다양한 장식을 더해 원하는 스타일로 응용 가능한 것이 장점이에요. 고리형과 민자형, 2가지가 있으므로 기호에 따라 고리를 선택하세요.

How to make --------------------------------

재료 천·실 적당량, 싸개 단추 1개, 싸개 단추 몰드, 기화성 펜, 가위, 망치

1 싸개 단추 몰드에 함께 들어 있는 도안 판을 천에 대고 기화성 펜으로 그린다. 도안이 없을 경우 단추 크기보다 시접 부분을 1cm 넓게 그린다.

2 가위로 도안을 따라 둥글게 자른다.

3 싸개 단추 큰 몰드 안에 천을 넣고 캡 부분을 밀어 넣는다.

4 작은 몰드에 뒤 고리를 넣고 타봉을 작은 몰드 윗부분에 밀어 넣는다.

5 작은 몰드와 타봉을 큰 몰드 안에 넣고 망치로 3~4번 두드린다.

6 작은 몰드와 타봉을 빼고 몰드에서 꺼내면 완성.

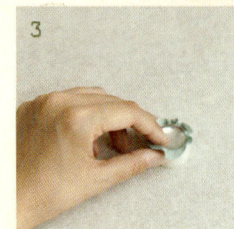
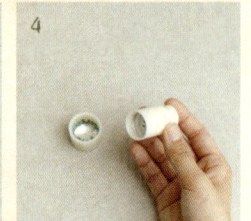

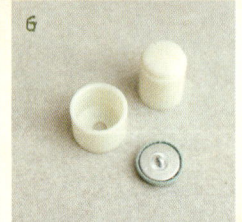

Plus Idea

싸개 단추는 민무늬나 단색 패브릭을 사용하여 독특한 느낌을 더해 볼 수 있습니다. 단추나 비즈, 보석을 덧달거나 스탬프로 장식, 그림을 그리거나 스티치를 더할 수도 있어요. 똑같이 찍어내는 기계형 단추가 아니므로 색다른 장식을 하고 싶을 때 사용하면 좋아요. 흔치 않은 나만의 스타일을 완성하고 싶을 때 적당합니다.

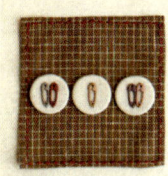

단추 장식

싸개 단추 위에 다소 독특한 모양의 단추를 덧달면 색다른 느낌을 줄 수 있습니다. 아기자기한 느낌을 줄 수 있으므로 아이들 옷의 장식이나 귀여운 느낌을 주는 소품 등에 포인트 장식으로 활용하세요.

Tip 덧다는 단추는 단추의 색과 비슷한 톤의 실로 은은하게 마무리하는 것이 좋다. 여러 개의 단추를 덧달아도 예쁘다.

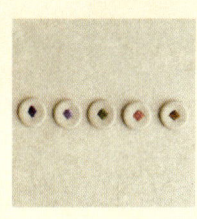

스티치 장식

색실을 사용해 수를 놓으면 클래식하고 소박한 느낌을 줄 수 있습니다. 단추의 크기가 제한적이므로 작은 도형 모양이나 이니셜 등의 간단한 모양을 선택하는 것이 복잡해 보이지 않아요. 기화성 펜으로 미리 원하는 문양을 그려 두고 수를 놓으면 편리합니다.

Tip 중앙을 스티로폼으로 처리한 민무늬 고리 단추의 경우 가운데 부분에만 수를 놓을 수 있다. 싸개 단추는 뒷면에 고리가 달려 있지 않은 민고리형 단추를 선택해야 바느질이 가능하다.

비드 장식

큐빅이나 진주, 시드 비드 등을 달아 주면 화려한 느낌을 줄 수 있어 의상이나 소품에 포인트가 됩니다. 먼저 싸개 단추 위에 실로 스티치를 놓은 뒤 그 위에 비즈를 달아 주면 흔치 않은 단추를 만들 수 있어요.

Tip 스티치를 놓은 여백에 비드를 실에 꿰어 단추를 달 듯 바느질한다.

❧ 폼폼 단추 ❧

솜을 이용해 폼폼처럼 동글동글한 단추를 만들어 보세요. 니트에 달면 로맨틱한 느낌을 더해 주고, 아이 옷에 달면 귀여운 느낌을 줍니다. 원하는 천을 이용해 어떤 스타일로도 만들 수 있습니다. 솜은 충분히 채워 주어야 볼록한 모양을 만들 수 있어요.

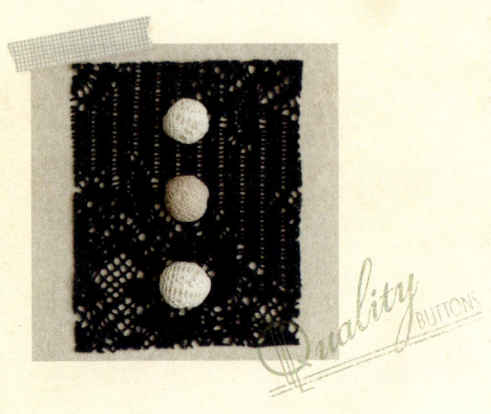

How to make --------------------------------

재료 베이지색 레이스 천 · 베이지색 린넨 천 · 방울 솜 적당량씩, 흰색 실 약간, 도안 판, 가위, 바늘

1 원하는 크기의 원형 도안판과 레이스 천, 린넨 천을 준비한다
   (도안 판이 없을 경우 원하는 단추 크기보다 1.5cm 넓게 원을 그린다).

2 2가지 천을 겹쳐 놓고 도안 판 크기에 맞춰 가위로 자른다.

3 가장자리에서 3mm 정도 안쪽으로 홈질한다.

4 실을 잡아당겨서 원형으로 오므려 준다.

5 방울 솜을 안쪽에 볼록하게 채운다.

6 실을 당겨 둥글게 만들어 매듭을 지은 뒤 구멍 부분이 보이지 않도록 실로 여며 마무리한다.

❋ 패브릭 링 단추 ❋

원형 링과 천을 이용한 단추입니다. 안쪽에 금속으로 된 링이 있어서 형태가 쉽게 망가지지 않아요. 요요 스타일로 바느질한 다음 사이드에 스티치를 넣으면 아기자기한 느낌을 줄 수 있어서 포인트 장식으로 손색이 없습니다. 어떤 천이나 사용 가능하지만 패턴 천을 이용하는 것이 더욱 예뻐요.

B U T T O N

How to make ------------------------------

재료 원형 링 1개, 패턴 천 적당량, 흰색 · 보라색 실 약간씩,
바늘, 가위, 기화성 펜

1 원형 링을 천 위에 올리고 기화성 펜으로 시접 부분을 1.5cm
　 정도 여유있게 그린다.

2 가위로 천을 오린 뒤 3mm 안쪽으로 흰색 실로 홈질한다.

3 원형 링을 넣고 실을 서로 당겨 오므린 뒤 매듭짓는다.

4 틈이 벌어지지 않도록 흰색 실로 바느질한다.

5 보라색 실로 3mm 간격으로 박음질한다.

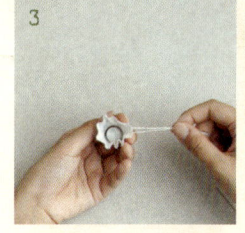
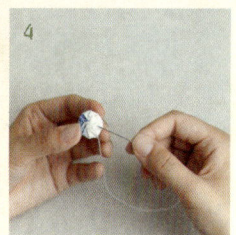
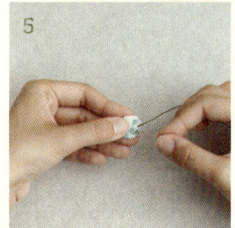

큐빅 스트링 단추

단추 가장자리에 큐빅 스트링을 둘러 화려한 느낌을 더한 단추. 단추 전체를 둘러도 좋고 1~2줄만 둘러서 포인트를 주어도 좋습니다. 가죽이나 금속 줄을 사용하면 색 다른 느낌을 더할 수 있습니다.

How to make

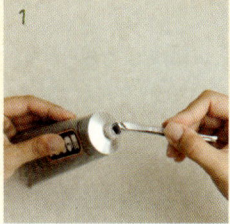 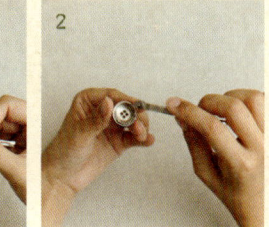

재료 단추, 큐빅 줄, 니퍼, E6000, 핀셋

1 E6000 본드를 핀셋이나 꼬치에 약간 짠다.
2 단추의 가장자리에 본드를 적당량 묻힌다.
3 큐빅 줄을 본드를 바른 가장자리에 붙인다.
4 큐빅 줄의 끝 부분은 니퍼로 잘라 마무리한다.

Plus Idea

구멍이 있는 고리 단추는 그대로 사용해도 좋지만 큐빅이나 원석을 달아 화려한 느낌을 줄 수 있습니다. 9자 핀으로 원석 구멍과 단추 구멍을 서로 연결해 주거나 비즈를 낚싯줄이나 우레탄 줄에 끼워 묶어 주면 간편하게 완성할 수 있어요.

Tip 다양한 컬러의 비즈나 원석을 서로 믹스하는 것이 더 예쁘다.

✎ 스티치 디자인 ✎

디자인 단추에 스티치를 하면 나만의 단추를 만들 수 있습니다. 단춧구멍의 개수와
모양에 따라 다양한 디자인을 완성할 수 있으며 실을 꿰는 순서에 따라 독특한 느
낌의 장식이 연출됩니다.

이니셜 장식

9홀 단추는 이니셜을 만들기 좋은 단추입니다. 구멍을 활용해서 이름이나 숫자 등을 만들 수 있어
요. 아이의 옷이나 소품에 번호 또는 이름을 표시할 때, 자동차 주차 번호판,
기념 카드 등 이니셜로 이름을 새길 때 다양하게 활용 가능합니다.

Tip 단추의 크기, 구멍의 크기와 개수에 따라 서체와 모양이 조금씩 달라
지므로 미리 구멍에 이니셜을 그려 본 뒤 실로 마무리하면 편리하다.

바느질 장식

구멍이 여러 개 뚫려 있는 diy 버튼 구멍에 실을 통과시켜서 나만의 디자인을 완성합니다. 버튼홀
스티치, 박음질, 감침질… 마치 바느질한 느낌을 줄 수 있어요. 실의 컬러에 따라 느낌이 달라지므
로 눈에 띄는 색실을 사용하는 것이 좋아요.

Tip 바느질하듯 구멍에 한 땀 한 땀 순서대로 끼워 주면 된다. 바늘을 넣
는 순서에 따라 다른 느낌의 바느질이 나온다.

패턴 디자인

실을 서로 어떻게 연결하느냐에 따라 전혀 다른 무늬를 만들 수 있습니다. 원하는 모양을 먼저 생
각한 뒤 연결하는 순서를 정해서 바느질하듯 구멍에 끼워 주세요. 처음에는 단순한 직선이나 사선,
+ −와 같은 모양부터 시작해 □△◇☆와 같은 무늬로 발전시키는 것이 좋습니다. 그 다음에는 서
로 다른 실을 이용해 2가지 문양을 만들면 됩니다.

Tip 실 하나당 1가지 무늬를 만든 뒤 실을 바꿔서 다른 무늬를 넣으면 하
나의 단추 안에 실의 수만큼 다양한 무늬를 볼 수 있게 된다.

wrapping

corsage

box deco

lunch box

tag

string

paper bag

badge

card

Gift

특별한 날을 위한
카드와 선물 포장 팁

Wrapping

Gift 01
투톤 단추 장식

선물할 물건의 형태가 일정치 않거나 박스에 넣기가 마땅치 않을 때는 종이로 포장하는 것이 좋습니다. 종이 포장 시 마무리 방법으로 흔히 사용되는 리본 대신 단추를 이용해 보세요. 큰 단추 하나로 포인트를 주어도 좋지만 톤이 다른 단추를 2~3개 겹쳐서 장식하면 조금 더 독특한 느낌을 줄 수 있어요.

How to make -

재료 3cm 갈색 빈티지 단추 · 1cm 노란색 아크릴 단추 · 베이지색 터널 단추 1개씩, 흰색 왁스 페이퍼 1장, 스트라이프 · 이니셜 마스킹테이프 적당량씩, 갈색 끈 · 양면테이프 약간씩, 가위

1 포장할 물건을 왁스 페이퍼로 감싼 다음 양면테이프로 붙여서 마무리한다.

2 스트라이프와 이니셜 마스킹테이프를 전체적으로 붙인다. 3줄로 감는다.

3 2에 갈색 끈을 둘러 십자 모양이 되도록 묶는다.

4 갈색 단추의 구멍에 3의 끈 양쪽을 끼운다.

5 4의 끈에 노란 단추를 끼워 매듭짓고 남은 실은 자른다.

6 갈색 끈을 10cm 길이로 잘라 베이지색 단추에 끼운 뒤 실 매듭 부분에 5의 단추를 묶는다.

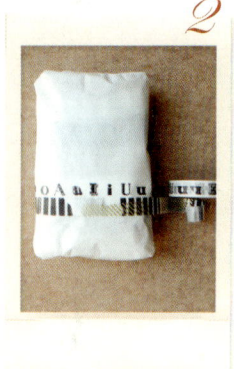

Corsage

자잘한 물건을 선물할 때 좋은 포장 방법이에요. 크기가 다양한 물건은 망사나 비닐 백에 넣어 주면 깔끔하게 마무리할 수 있습니다. 여기에 단추로 만든 코르사주로 묶어 주세요. 꽃을 단 것처럼 화사한 느낌을 더할 수 있습니다.

Gift 02
단추 코르사주

How to make

재료 1cm 연두색 · 초록색 · 파란색 터널 단추 1개씩,
8mm 연보라색 구멍 단추 1개, 흰색 망사 백 1개,
흰색 레이스 고무줄 · 은색 고무줄 30cm,
하늘색 펠트 사방 10cm, 연두색 실 적당량,
기화성 펜, 바늘, 가위, 글루건

1 펠트에 기화성 펜으로 지름 3.5cm 원형을 그린 뒤
   크기대로 자른다.

2 펠트에 글루건으로 레이스 고무줄을 가장자리부
   터 둥글게 붙인다.

3 바늘에 실을 꿰고 연두색 단추를 2의 중앙에 단다.

4 초록색, 연보라색, 파란색 단추도 연달아 단다.

5 4의 뒷면에 은색 고무줄을 올리고 남은 펠트를 직
   사각형으로 잘라 글루건으로 붙인다.

6 망사 백에 물건을 넣은 뒤 5의 코르사주의 은색 고
   무줄로 입구 부분을 묶는다.

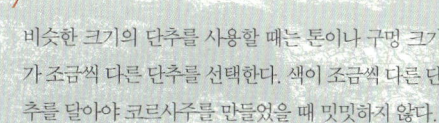

1

2

3

4

5

6

Box Deco

Gift 03
박스 데커레이션

모양이 예쁜 박스는 겉에 포장지를 덧붙이지 않고 그대로 사용해도 좋습니다. 하지만 다소 밋밋하게 느껴진다면 단추 장식으로 포인트를 주세요. 크라프트나 화이트처럼 패턴이 없는 박스에 응용하면 좋습니다.

How to make ------------------------

재료 1cm 파란색 구멍 단추 6개,
1.8cm 꽃무늬 구멍 단추 1개, 크라프트 박스 1개,
2.5cm 흰색 웨이빙 끈 10cm, 검은색 끈 30cm,
양면테이프 약간, 가위

1 검은색 끈의 중앙에 톤이 조금씩 다른 구멍 단추를 일렬로 꿴다.

2 웨이빙 끈의 한쪽을 삼각 모양으로 자른 뒤 양면테이프로 크라프트 박스의 중앙에 고정한다.

3 1의 단추를 웨이빙 끈의 중앙에 대고 박스 아래에서 끈을 엇갈리게 꼰 뒤 끈의 한쪽에 꽃무늬 단추를 꿴다.

4 꽃무늬 단추를 끼운 끈과 나머지 한쪽 끈을 박스 아래로 엇갈리게 해 십자 모양으로 만든 뒤 매듭짓는다.

Tip

단추를 일렬로 달아 장식을 마무리해도 되지만 모양이 다른 단추를 하나 더 달아 주면 지루하지 않다. 이때, 톤이 비슷한 단추를 사용해야 서로 돋보일 수 있다.

1

2

3

4

Lunch Box

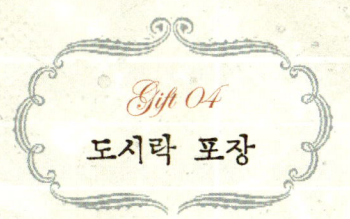

Gift 04
도시락 포장

단추로 도시락을 좀 더 멋스럽게 포장했어요. 천을 도시락 크기에 맞게 잘라서 묶고 매듭 끝부분에 단추로 포인트를 주어 아기자기한 느낌을 더했어요. 나들이 갈 때 좋은 스타일로, 도시락 가방이 없을 때나 매일 사용하는 도시락 가방이 지루할 때 한번 시도해 보세요.

How to make --------------------

재료 2cm 파란색 구멍 단추 2개, 레이스 2장,
파란색 패턴 거즈 천 1/2마, 가위, 글루건

1 거즈 천을 대각선으로 놓고 가운데에 도시락을 올린 뒤 한쪽은 가장자리를 2번 접고 다른 한쪽은 도시락을 덮을 수 있게 넓게 접는다.

2 넓은 면으로 도시락을 감싼 뒤 남은 양쪽 모서리를 묶는다.

3 매듭의 양쪽 끝부분에 글루건으로 레이스를 붙인다.

4 레이스의 중심에 글루건으로 단추를 붙인다.

Tip

천의 끝단을 마감하지 않고 사용하므로 올이 풀리지 않는 천을 선택하는 것이 좋다. 너무 두꺼운 천을 선택하면 묶었을 때 예쁘지 않으므로 거즈나 린넨처럼 가벼운 느낌의 천을 선택하는 것이 포인트.

Button Tag

Gift 05
단추 태그

선물을 포장할 때 태그는 중요한 역할을 합니다. 밋밋한 물건이나 포장지에 태그 하나를 붙이면 다른 장식을 하지 않아도 색다르게 마무리할 수 있어요. 컬러풀한 단추들을 모아서 만든 태그 하나로 선물이 더욱 특별해집니다.

How to make ------------------------

재료 1.4~2.3cm 구멍 단추(초록색 · 파란색 · 노란색 · 하늘색 · 핑크색 · 와인색) 6개, 흰색 두꺼운 종이 6×10cm, 링 스티커 1개, 갈색 끈 10cm, 하늘색 실 적당량, 바늘, 가위, 펀치

1 흰색 종이의 중심에 펀치로 구멍을 뚫고 링 스티커를 붙인다.

2 하늘색 실을 바늘에 끼워 종이에 1줄에 2개씩 단추를 단 다음 매듭짓는다.

3 상단의 양 옆을 삼각 모양으로 자른다.

4 갈색 끈을 접어서 2줄로 만들어 구멍의 중앙을 통과시킨 뒤 원 안으로 나머지 줄을 넣고 당겨서 매듭짓는다.

Tip

단추를 종이에 연결할 때는 하나씩 매듭짓지 말고 모두 다 부착한 다음 맨 마지막에 매듭짓는다. 태그 뒷면이 노출되므로 깔끔하게 바느질하는 것이 좋다.

1

2

3

4

Flower Tag

Gift 06
플라워 태그

레이스 모티브를 이용해 태그를 만들었어요. 꽃모양의 레이스 모티브 중앙에 단추를 달았더니 꽃잎과 수술 같아요. 선물뿐 아니라 다양한 카드 장식에 사용해도 화사합니다. 와인병처럼 포장이 까다로운 물건에 달아 포인트를 주기 좋습니다.

Plus Idea

How to make -

재료 1.5cm 검은색 꽃무늬 단추 1개,
꽃무늬 레이스 모티브 1개, 빨간색 실 30cm,
바늘, 가위

1 바늘에 실을 꿴 뒤 레이스의 가운데에 단추를 단다.
2 레이스 뒷면에 매듭을 짓고 남은 실은 여유있게 잘라 준다. 원하는 부분에 실을 묶어 주면 완성.

Tip

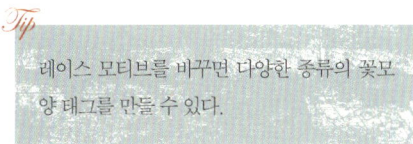

레이스 모티브를 바꾸면 다양한 종류의 꽃모양 태그를 만들 수 있다.

1

2

Button String

굵은 실에 같은 톤의 단추를 달아 색다른 끈을 완성했어요. 이 끈을 봉투나 종이, 백에 그대로 둘러 주면 포장이 완성됩니다. 조금씩 크기가 다른 단추들이 생동감을 더합니다. 단추의 간격을 자연스럽게 조절하면 리드미컬한 느낌이 살아납니다.

Gift 07
단추 스트링

Plus Idea

How to make -

재료 1.4~2cm 초록색 구멍 단추 4개,
A4 사이즈 패턴 종이 1장, 초록색 실 140cm,
양면테이프 적당량, 가위

1 종이의 하단 부분을 4cm로 접어 그림처럼 삼각 모양으로 자른다. 양면테이프를 5군데에 그림과 같이 붙인 뒤 접어서 봉투를 만든다.

2 실을 15cm 정도 남기고 단추를 끼운 뒤 매듭을 지어 단추 뒤로 숨긴다.

3 봉투에 2의 실을 두른 뒤 실을 봉투에 1번 더 감고 단추를 끼운다. 같은 방법으로 1번 더 반복한다.

4 봉투 윗부분에 매듭을 지은 뒤 실의 끝부분에 단추를 1개 더 달고 매듭짓는다.

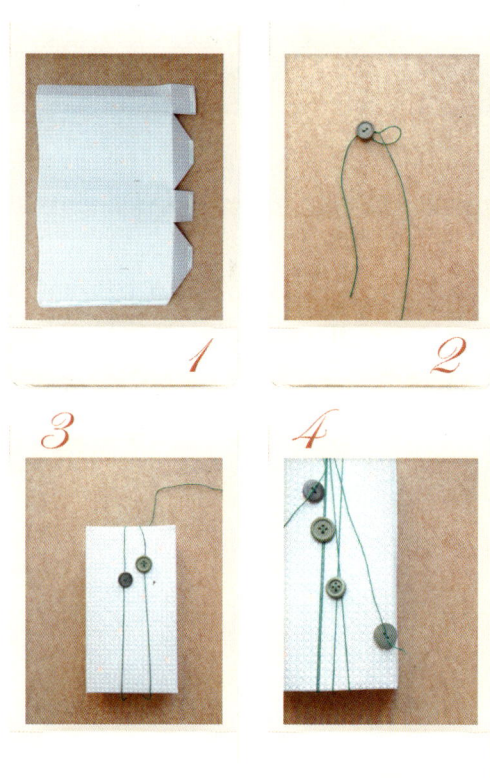

Tip

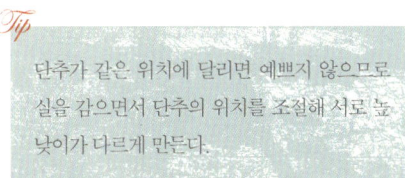

단추가 같은 위치에 달리면 예쁘지 않으므로
실을 감으면서 단추의 위치를 조절해 서로 높낮이가 다르게 만든다.

Paper Bag

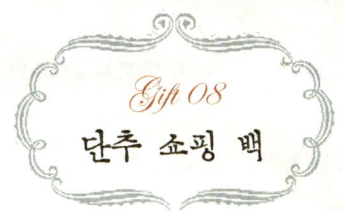

Gift 08
단추 쇼핑 백

단추 위에 그림을 그려서 세상에 단 하나밖에 없는 특별한 단추를 완성했어요. 직접 만든 단추는 물건을 더욱 특별하게 만듭니다. 가벼운 물건, 부피가 큰 물건은 포장하기 까다로운 경우가 많죠. 이럴 때 직접 만든 단추로 장식한 쇼핑백은 센스를 더해 주는 요긴한 아이템이 됩니다.

How to make -

재료 3cm 나무 단추 4개, 크라프트 봉투 1개, 핑크색 리본 50cm, 체크무늬 마스킹테이프 적당량, 핑크색 실 약간, 검은색 아트라이너, 갈색 · 빨간색 · 핑크색 마카, 바늘, 가위

1 나무 단추에 아트라이너로 리본 모양을 그린 뒤 마카로 색칠한다.

2 봉투 윗면에서 7mm 내려온 부분에서부터 마스킹테이프로 2줄 감는다.

3 2줄로 자른 리본 중 1줄을 손잡이 모양으로 구부려 마스킹테이프 위에 대고 단추를 올린 뒤 핑크색 실로 단다. 같은 방법으로 앞뒷면을 반복한다.

4 봉투 안쪽을 벌려 단추의 매듭지은 부분에 마스킹테이프를 2줄 붙인다.

Tip

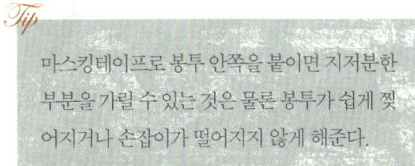

마스킹테이프로 봉투 안쪽을 붙이면 지저분한 부분을 가릴 수 있는 것은 물론 봉투가 쉽게 찢어지거나 손잡이가 떨어지지 않게 해준다.

Badge

Gift 09
단추 휘장

단추로 만든 휘장을 봉투에 달아 주었어요. 리본과 단추로 만든 휘장은 밋밋한 봉투나 포장에 에지를 줍니다. 밋밋한 소품에 살짝 붙여서 포인트를 주어도 좋고 뒷면에 브로치 핀 대를 달아 브로치나 코르사주처럼 사용해도 좋아요.

How to make -------------------------

재료 1cm 풀색 단추 2개, 1.4cm 빨간색 단추 1개, 흰색 봉투 1개, 삼색 리본 8cm, 진 원단 리본 10cm, 스티치 마스킹테이프·양면테이프 적당량씩, 하늘색 실 약간, 바늘, 가위

1 봉투의 입구 부분을 접은 뒤 마스킹테이프를 중앙에 1줄 두른다.

2 원단 리본의 밑단을 삼각 모양으로 자르고 삼색 리본을 3cm, 5cm 길이로 자른다.

3 하늘색 실로 풀색 단추를 원단 리본 위에 단다.

4 삼색 리본을 중앙에 올리고 빨간색 단추를 단다. 풀색 단추를 1개 더 단다.

5 양면테이프로 4를 봉투의 중앙에 붙인다.

Tip

삼색 리본은 각기 다른 길이로 밑단을 자른다. 하나는 어슷하게, 하나는 일직선으로 잘라 마무리하면 밋밋하지 않다. 리본의 각도를 살짝 비스듬하게 조절해 생동감을 주는 것이 포인트.

1

2

3

4

5

Button Card

워싱 린넨 조각 천으로 싸개 단추를 만들어 카드에 장식했어요. 단추의 패턴에
따라 전혀 다양한 느낌의 카드가 되므로 패턴이 조금씩 다른 천을 사용해 주세
요. 카드에 부착할 싸개 단추는 1~1.5cm 정도의 크기가 적당합니다.

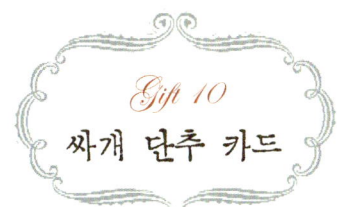

Gift 10
싸개 단추 카드

How to make ----------------------------

재료 2cm 싸개 단추 3개, 패턴 천 사방 15cm,
크라프트 종이 10×15cm, 패턴 종이 9×7cm,
양면테이프 약간, 알파벳 판박이, 글루건, 니퍼,
기화성 펜, 가위, 칼, 싸개 단추 몰드

1 크라프트 종이를 반으로 접은 뒤 윗면의 상단 부분을 7×4cm 크기로 잘라낸다.

2 패턴 종이의 모서리에 양면테이프를 붙인 뒤 잘라낸 크라프트 종이의 안쪽에 붙인다.

3 패턴 천을 3장 자른 뒤 몰드를 이용해 싸개 단추를 만든다.(p.022 만드는 법 참고)

4 싸개 단추의 고리 부분은 니퍼를 이용해 자른다.

5 판박이를 이용해 'merci'라고 카드에 새긴다.

6 글루건으로 패턴 종이 윗부분에 싸개 단추를 붙인다.

Tip

싸개 단추의 고리 부분을 잘라내야 카드에 편편하게 붙일 수 있다. 민고리형 싸개 단추는 잘라낼 필요가 없다.

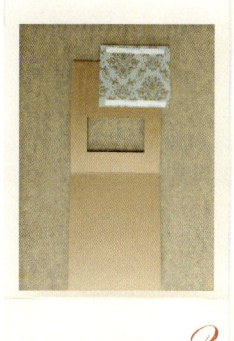

Gift 11
하트 밸런타인

빈티지 레드 단추를 이용해 하트 모양 장식의 화려한 카드를 만들었어요. 사랑을 상징하는 하트와 레드 컬러의 독특한 카드로 밸런타인데이에 사랑을 전해 보세요. 단추를 겹쳐 붙여서 입체적인 하트 모양으로 연출하는 것이 중요합니다.

How to make ------------------------

재료 1∼2.3cm 붉은빛 빈티지 단추 45∼50개, 검은색 두꺼운 종이 11×15cm, 알파벳 판박이, 연필, 칼, 글루건

1 검은색 종이를 사이즈대로 재단한다.

2 종이 위에 연필로 하트 모양을 살짝 그린 뒤 연필선을 따라 단추를 글루건으로 붙인다.

3 하트 모양의 면을 다 채우고 난 다음 그 위에 단추를 1겹 더 붙인다. 중간중간 틈이 없도록 단추를 글루건으로 붙여 마무리한다.

4 카드 상단에 판박이로 'LOVE YOU'라고 새긴다.

Tip

하트의 모양에 볼륨이 생기도록 붙이는 것이 포인트. 둘째 단은 첫째 단보다 안쪽으로 들여서 붙이고 셋째 단은 더 안쪽에서 시작하되, 모든 면을 메우지 않고 듬성듬성 붙이는 것이 예쁘다.

1

2

3

4

HAPPY HOLIDAYS

크리스마스의 상징, 트리를 활용했어요. 단추와 마스킹테이프로 크리스마스
트리를 만들고 트레싱지를 더해 크리스마스 시즌의 화려한 느낌을 살렸어요.
트리 나무 밑에 판박이나 스티커로 장식을 하면 화분이 된답니다.

Gift 12
크리스마스트리

How to make ------------------------

재료 8mm~1.8cm 초록색 단추 5개,
아이보리색 종이 9cm×15cm,
노란색 트레싱지 7×14cm,
도트무늬 · 체크무늬 마스킹테이프 적당량씩,
양면테이프 약간, 영문 판박이, 연필, 칼, 글루건

1 아이보리색 종이는 반으로 접은 뒤 윗면에 트리 모
  양으로 밑그림을 그려서 칼로 자른다.

2 트레싱지는 크기대로 재단한다.

3 트레싱지 위에 도트와 체크무늬 마스킹테이프를
  그림과 같이 사선으로 붙인다.

4 3의 마스킹테이프 위에 단추 5개를 일정한 간격을
  두고 글루건으로 붙인다.

5 4의 트레싱지의 가장자리에 양면테이프를 두른 뒤
  1의 카드 안쪽에 붙인다.

6 판박이를 카드 트리 밑에 새긴다.

Tip

마스킹테이프가 트리의 가지 역할을 한다. 오너먼트의
역할을 하는 단추를 가지에 살짝 걸린 듯 간격을 조절
해 가면서 붙인다. 초록색, 빨강, 흰색 등 크리스마스를
상징하는 컬러의 단추를 사용하면 더 예쁘다.

1

2

3

4

5

6

Flower Button Card

Gift 13
플라워 축하 카드

화려한 프레임의 단추 하나면 별다른 장식 없이도 눈에 띄는 카드를 만들 수 있습니다. 생일, 축하할 일이 있을 때 꽃을 건네듯 꽃모양 단추로 만든 카드를 건네 보세요. 카드만으로도 감사의 마음을 전할 수 있답니다.

How to make -

재료 2.5cm 꽃무늬 구멍 단추(초록색 · 빨간색 · 갈색 · 연두색) 4개, 흰색 종이 11cm×23cm, 빨간색 · 초록색 실 약간씩, 빨간색 스탬프 잉크, 알파벳 스탬프, 모양 펀치, 칼, 가위, 글루건

1 종이를 5cm, 11cm, 7cm로 3등분으로 접는다. 모양 펀치를 이용해 7cm로 접은 상단 부분에 펀칭을 한다.

2 5cm로 접은 종이 하단에 잉크를 이용해 스탬프로 'HAPPY BIRTHDAY'라고 찍는다.

3 초록색, 연두색 단추는 초록색 실로, 빨간색과 갈색 단추는 빨간색 실로 각각 구멍에 끼워 매듭을 짓는다.

4 글루건으로 카드 상단 부분에 단추를 2개씩 차례로 붙인다.

Tip

같은 컬러의 단추가 사선으로 놓이도록 엇갈리게 달아 주는 게 포인트. 초록과 빨강의 보색 대비가 강렬한 느낌을 준다.

단추를 손잡이처럼 이용해 보았어요. 문고리에 작은 단추를 손잡이처럼 달고
그 속에 트레싱지가 보이게 했더니 더욱 아기자기한 느낌이 더해졌어요. 문을
열면 무엇이 기다리고 있을까요? 문을 살짝 열고 글을 적어도 좋습니다.

Gift 14
창문 장식 카드

How to make ------------------------

재료 2.3cm 핑크색 · 파란색 꽃무늬 단추 1개씩,
푸른빛 종이 13×26cm, 파란색 트레싱지 12×13cm,
스트라이프 마스킹테이프 · 양면테이프 적당량씩,
핑크 · 파란색 실 약간씩, 알파벳 판박이, 칼, 글루건

1 핑크와 파란색 단추는 각각의 색 실을 구멍에 꿴 뒤
정면에서 리본을 묶는다.

2 푸른빛 종이는 크기대로 재단한 뒤 반으로 접는다.

3 종이 윗면 상단으로부터 3cm 정도 내려와 3.5×
4.5cm 크기의 문 모양을 ㄷ자로 칼집을 낸다. 칼
집낸 왼쪽 가장자리에 마스킹테이프를 5mm 정도
붙인다.

4 마스킹테이프로 카드 가장자리의 양옆도 붙인 뒤
판박이로 카드 중앙에 'for u'라고 새긴다.

5 카드의 문에 글루건으로 단추를 붙인다.

6 트레싱지를 재단한 뒤 가장자리에 양면테이프를
두른 뒤 카드 안쪽에 붙인다.

Tip

단추에 실을 꿰는 일반적인 방법 대신 단추구멍을 통과
시킨 여분의 실로 리본을 묶어 주면 아기자기하고 귀여
운 느낌을 더할 수 있다.

1

2

3

4

5

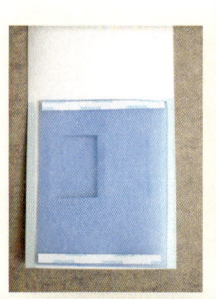

6

Bottle Card

Gift 15
병 모양 카드

단추가 가득 들어 있는 병을 선물합니다. 병 모양 종이 안에 진짜 단추를 붙이면 보석이 가득한 병을 받는 것처럼 주는 사람도 받는 사람도 즐겁지요. 단추의 크기를 서로 다르게 하여 재미있게 만들어 보세요.

How to make ------------------------

재료 1~1.5cm 황토색 구멍 단추 8개,
1~1.5cm 와인색 구멍 단추 6개,
크라프트 골지 10×26cm, 흰색 종이 7×12cm,
병 모양 스탬프, 붉은빛 스탬프 잉크, 글루건, 가위

1 크라프트지는 7, 12, 7cm로 3등분해 접는다.

2 흰색 종이에 붉은빛 잉크로 병 모양 스탬프를 찍은
   뒤 라인을 따라 오린다.

3 와인색 단추를 2의 안에 글루건으로 붙인다.

4 황토색 단추도 글루건으로 빈 면을 채워 가면서
   붙인다.

5 병 모양의 뒷면에 글루건을 바르고 카드의 한쪽 여
   밈 부분에 붙인다.

1

2

3

4

5

단추의 히스토리는 기원전 6천 년 무렵의 고대 이집트로 거슬러 올라갑니다. 핀으로 양쪽 옷깃을 여미는 방법이 단추의 첫 기능이었습니다. 단춧구멍이 발명된 13세기 전까지는 끈으로 묶거나 핀, 다양한 도구 등으로 옷을 고정시켰습니다. 이후 단춧구멍이 발명되면서 단추가 지나치게 화려해지자 부착을 제한하는 사치 단속법이 통과되기도 했다네요.

14세기에는 부유한 계층에서 부와 지위를 과시하기 위해 금, 은, 보석, 상아, 구리 등의 값비싼 소재로 단추를 만들었습니다. 반면 서민들은 뼈와 나무, 천을 이용한 단추를 이용했죠. 18세기에는 보석, 금속, 상아를 많이 사용했으며 수를 놓은 단추도 유행했지만 서민들은 놋쇠로 만든 단추를 사용했습니다.

18세기 중반부터 단추는 더욱 화려해지기 시작했습니다. 영국의 매튜 볼턴이라는 사람이 강철로 만든 화려한 컷 스틸 단추를 개발했는데, 프랑스의 보석 세공 디자이너들이 이것을 더욱 정교하게 만들면서 인기를 끌게 되었다고 합니다. 또한 직접 그림을 그리거나 도안으로 장식해서 만든 자기 단추도 일본과 프랑스에 퍼지게 되었으며, 이 시기에는 채색 유리 단추도 유행했습니다.

19세기 초반에는 이전보다 비용이 적게 드는 강철 단추와 놋쇠 단추가 인기였습니다. 이후 금속 단추, 천으로 된 단추기둥, 싸개 단추, 유리 단추, 자기 단추 등을 개발하면서 기계로 대량 생산도 가능하게 되었죠. 대량 생산이 이루어 지면서 조개껍데기를 많이 사용하게 되었고 중국의 옻칠한 단추, 유럽의 점토 단추, 프랑스의 자기 단추, 일본의 전통 자기 단추, 남아메리카의 야자 단추 등도 인기를 끌었습니다.

20세기에 와서 단추는 실용성이 보다 강조되었으며 지퍼로 대체된 것도 많습니다. 최근에는 저렴하고 내구성이 좋은 플라스틱을 이용하여 만든 다양한 형태의 단추가 대량 기계 생산되고 있습니다. 예전의 단추는 이제 수집가들에 의해 콜렉팅되고 있으며 예술 작품에 활용되기도 합니다.

tea coaster

napkin ring

table runer

table mat

recipe note

kitchen glove

tissue cover

dish cloth

apron

valance curtain

magnet

cup warmer

wineglass charm

box

Kitchen

단추로 수놓은
감각적인 주방 인테리어 제안

Kitchen 01
티 코스터

Plus Idea

How to make --------------------------

재료 8mm~1cm 핑크색 · 초록색 구멍 단추 5개씩,
노란색 · 갈색 펠트 사방 15cm씩, 아이보리색
토숀 레이스 60cm, 가위, 글루건

1 노란색 펠트에 지름 10cm의 원형을 그린 뒤 가위
  로 자른다.
2 글루건으로 1의 가장자리에 토숀 레이스를 붙인다.
3 펠트의 5mm 안쪽에 글루건으로 단추를 일렬로
  붙인다.
4 같은 방법으로 갈색 펠트도 완성한다.

1

2

3

4

Tip

코스터를 만들 때 큰 단추를 사용하면 컵을 제
대로 올려 놓기 어려우므로 작은 단추를 사용
해야 한다.

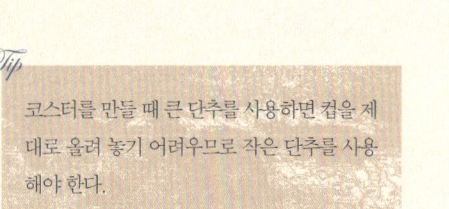

단추로 귀여운 티 코스터를 만들었어요. 둥근 티 코스터 안에 작은 단추를 조
르르 달아 귀여움을 더했습니다. 여러 개 만들어 두었다가 손님 접대할 때 사
용하면 유용합니다. 선물용으로도 좋은 아이템이지요. 색이 조금씩 다른 단추
를 사용하는 것이 재미있어요.

Tea Coaster

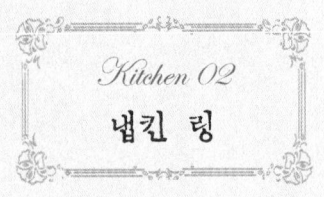

Kitchen 02
냅킨 링

특별한 하루를 위해 많은 것을 구매하기는 부담스럽죠. 이때 단추로 냅킨 링을 만들어 보세요. 종이나 패브릭에 냅킨 링을 살짝 묶어 주는 것만으로도 정성이 느껴집니다. 손님들도 대접받는 느낌이 들어서 분위기는 더욱 즐거워집니다.

How to make --------------------------------

재료 2.5cm 흰색 꽃무늬 단추 1개, 초록색 펠트 약간, 면 스트링 20cm, 초록색 실 약간, 가위, 바늘, 기화성 펜

1 펠트에 크기가 다른 2개의 나뭇잎 모양을 그린 뒤 가위로 자른다.

2 나뭇잎 2장을 겹친 뒤 실로 끝부분을 잇는다.

3 2의 실로 단추를 달아서 나뭇잎과 단추를 연결한다.

4 면 스트링과 3의 단추를 같은 실로 바느질한다.

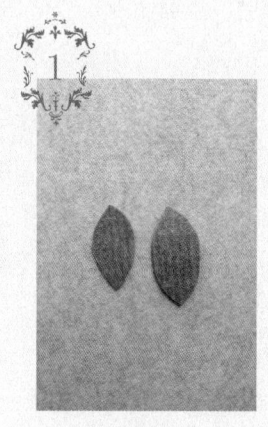

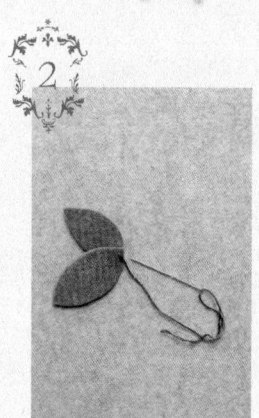

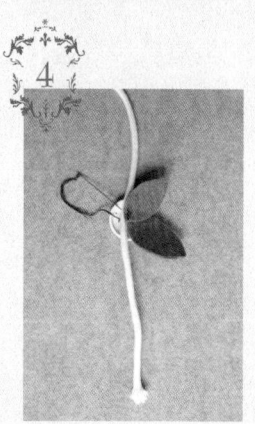

Tip

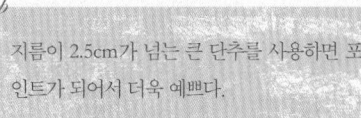

지름이 2.5cm가 넘는 큰 단추를 사용하면 포인트가 되어서 더욱 예쁘다.

Napkin Ring

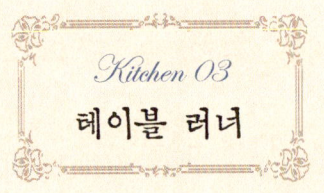

Kitchen 03

테이블 러너

테이블 러너 하나로 식탁 풍경이 달라집니다. 색다른 기분을 느끼고 싶을 때, 부담스러운 식탁보 대신 손쉽게 만들 수 있는 러너만 놓아도 근사한 테이블 세팅이 됩니다. 밑단에 단추로 포인트를 주면 코지한 느낌을 줄 수 있어요.

How to make --------------------------------

재료 1cm 나무 단추 10개,
물방울무늬 거즈 천 1/2마, 주름 레이스 90cm,
파란색 실 적당량, 바늘, 가위

1. 거즈 천은 40cm×90cm로 재단한 뒤 가장자리를 박음질한다.

2. 파란색 실을 바늘에 끼워 레이스를 거즈 천의 밑단에 두고 왼쪽에 한 땀 바느질 한다. 오른쪽 끝단도 1땀 박음질하고 반대편 양끝도 바느질한다.

3. 파란색 실로 단추 5개를 6cm 간격으로 레이스 위에 부착한다.

Tip

밑단 양끝만 고정한 뒤 레이스와 단추를 함께 잡아서 바느질한다. 간격이 일정하도록 비뚤어지지 않게 단다.

Table Runer

테이블 매트

커트러리를 놓는 받침 자리에 단추를 달아 주었어요. 단추 위에 숟가락과 포크, 또는 젓가락을 올려 둘 수도 있습니다. 서양 요리의 경우 테이블 매트의 사이즈는 30×45cm가 기본이지만 집에서 밥을 먹을 때 사용하거나 디저트용으로 사용한다면 그보다 작게 만들어도 좋습니다.

m a t

How to make - - - - - - - - - - - - - - - -

재료 3.3cm · 3.7cm 검은색 단추 1개씩,
푸른빛 펠트 22×30cm, 남색 토손 레이스 30cm,
검은색 실 적당량, 바늘, 가위

1 푸른빛 펠트의 상단에서 5mm 정도 내려온 위치에
   토손 레이스를 올린 뒤 검은색 실로 3cm 간격으로
   1땀씩 바느질해 고정한다.

2 펠트의 오른쪽 상단 부분에 큰 단추와 작은 단추
   를 차례로 단다.

Tip

단추는 평평하고 납작한 것을 선택해야 매트
위에 커트러리를 올려 두기 편리하다.

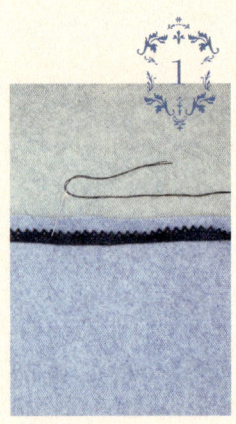

Table Mat

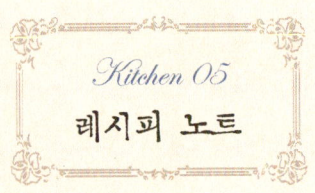

Kitchen 05
레시피 노트

How to make ------------------------

재료 3cm 갈색 나무 단추 1개, 무지 노트 1개,
갈색 고무 밴드 30cm, 병 프린트 마스킹테이프 적당량,
크라프트 종이·연두색 실 약간씩, 요리 사진,
알파벳 판박이, 바늘, 가위, 글루건, 네임펜

1 단추는 연두색 실로 단춧구멍을 +모양으로 연결한
   뒤 매듭을 짓는다.

2 고무 밴드를 노트에 두른 뒤 뒷면에 맞물리는 부분
   에 지름 3cm 원형으로 자른 크라프트 종이를 대고
   글루건으로 붙인다.

3 무지 노트 앞면의 고무 밴드 중앙에 1의 단추를 글
   루건으로 붙인다.

4 고무 밴드가 놓였던 노트 자리에 세로로 길게 마스
   킹테이프를 두른다.

5 노트 상단에 요리 사진을 붙이고 아래에 판박이로
   'recipe note'라고 새겨 넣는다.

6 마스킹테이프를 작게 잘라 노트 옆면에 중간중
   간 붙이고 분류할 요리 종류의 이름을 네임펜으
   로 적는다.

Tip

옆면에 인덱스처럼 마스킹테이프를 붙이면 레시피를
찾을 때 편리하다. 샐러드·파스타·디저트 같은 서
양 요리로 나누어도 좋고, 즉석 반찬·국·저장 반찬
과 같은 매일 밥상 메뉴로 나누어도 좋다.

Recipe Note

누구나 하나쯤은 자신만의 레시피를 메모한 노트나 스크랩한 파일이 있을 거예요.
하지만 레시피를 스크랩하거나 메모를 하느라 노트는 점점 더 두꺼워져 보관이 어
려워지죠. 이럴 때 단추를 이용해 만든 고무 밴드로 여며 주면 실용적으로 보관할
수 있어요. 큰 단추를 1개만 사용해 심플하게 마무리하는 게 더 멋스러워요.

Kitchen 06
주방 장갑

주방 장갑은 의외로 마음에 드는 것을 찾기 힘들어요. 아예 밋밋한 것에 장식을 더해 나만의 장갑을 만드는 것이 예쁘답니다. 단추로 포인트를 주었더니 조금 더 팬시한 주방 장갑이 완성되었어요. 간단한 리폼으로도 나만의 취향이 담긴 물건을 만들 수 있어서 diy가 더욱 즐거워요.

Plus Idea

How to make -

재료 1.2cm 흰색&파란색 투톤 단추 3개,
주방 장갑 1개, 파란색 펠트 적당량, 파란색 실 약간,
바늘, 가위

1　파란색 펠트를 2.5×4.5cm로 자른 뒤 파란색 실로
　　가장자리에서 2mm 안쪽으로 들어온 부분에서 반
　　박음질한다.
2　펠트를 주방 장갑의 밑단의 중앙 부분에 대고 단추
　　와 함께 파란색 실로 연결한다. 같은 방법으로 단
　　추를 2개 더 단다.

Tip

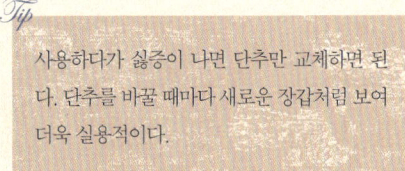

사용하다가 싫증이 나면 단추만 교체하면 된
다. 단추를 바꿀 때마다 새로운 장갑처럼 보여
더욱 실용적이다.

1

2

Kitchen Glove

티슈 커버

How to make --------------------------------

재료 2cm 흰색 16홀 단추 3개, 티슈 커버 1개, 레이스 모티브 1개, 흰색 · 연보라색 · 파란색 · 진회색 실 약간씩, 바늘, 가위

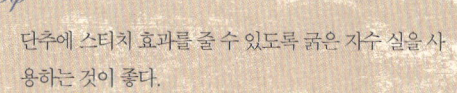

1 연보라색 실로 단추의 바깥 구멍을 연결해 매듭 짓는다.

2 파란색 실로 단추의 바깥 구멍을 촘촘하게 모두 연결해 매듭짓는다.

3 진회색 실로 단추의 바깥 구멍을 하나 건너 하나씩 끼운 뒤 매듭짓는다.

4 티슈 커버의 중앙에 레이스를 대고 흰색 실로 위아래를 1땀씩 바느질한다.

5 레이스 부분 중앙에 파란색 스티치 단추를 대고 중앙의 구멍을 +자로 연결해 단다. 같은 방법으로 연보라색과 진회색 스티치 단추를 위아래로 단다.

Tissue Cover

디자인 단추는 어떻게 연결하느냐에 따라 전혀 다른 모양의 단추가 완성됩니다. 수를 놓아
직접 모양을 완성하는 즐거움을 느낄 수 있지요. 이렇게 만든 나만의 디자인 단추를 주방에
서 자주 쓰는 티슈나 키친타월 커버에 달아서 앙증맞은 분위기를 더해 보면 어떨까요. 단조
로운 티슈 커버가 단추 장식으로 내 맘에 쏙 드는 커버로 재탄생되었어요.

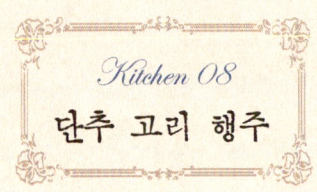
단추 고리 행주

매일 사용하는 행주의 대부분은 고리가 없는 경우가 많아요. 보기 싫게 구겨지고 접혀 있었던 행주에 단추 고리를 달아 주었더니 사용 후 조금 더 깔끔하고 단정하게 정리할 수 있게 되었어요.

How to make --------------------------------

재료 2.8cm 초록색 고리 단추 1개, 거즈 행주 1장, 남색 10cm 리본, 파란색 실 약간, 바늘, 가위

1 행주의 모서리 부분의 뒷면에 남색 리본을 삼각 모양으로 둥글게 만다.
2 행주의 모서리 부분 앞면에 단추를 대고 파란색 실로 단추와 리본을 함께 바느질한다.

Tip

구멍형 단추보다는 고리나 터널형 단추를 선택해야 보다 깔끔한 느낌을 줄 수 있다. 너무 무거운 단추를 선택하면 걸어 두었을 때 행주가 늘어질 수 있으므로 주의한다.

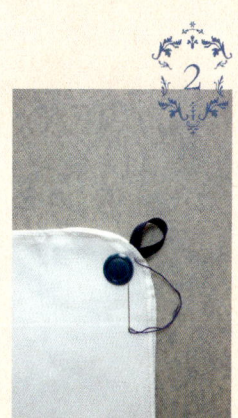

Dish cloth

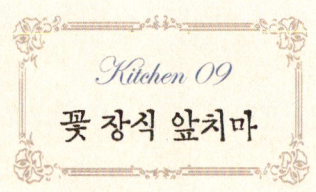

Kitchen 09
꽃 장식 앞치마

재료 1cm 베이지색 구멍 단추 4개,
3cm 베이지색 구멍 단추 2개,
3cm 흰색 고리 단추 1개, 패턴 리본 · 0.8mm 와이어 ·
핑크색 패턴 리본 · 갈색 실 적당량씩, 바늘, 가위, 니퍼

1 패턴 리본은 8cm로 2개 자른 뒤 앞치마의 끈 끝부분
   에 감싼다. 리본 끝부분에 3cm 베이지색 단추를 겹쳐
   서 갈색 실로 단다.

2 니퍼로 와이어를 15cm 길이로 4줄 자른 뒤 1cm 베이지
   색 구멍 단추에 통과시킨 다음 엇갈리게 꼬아 준다.

3 흰색 고리 단추의 뒷면에 와이어를 통과시킨 뒤 꼬아서
   단추를 연결한다.

4 4개의 베이지색 단추와 흰색 단추가 일정한 간격으로 연
   결이 되었으면 남은 와이어는 니퍼로 자른다.

5 15cm 길이로 자른 리본을 앞치마 주머니 밑단에 대고
   양 측면의 위아래 부분을 갈색 실로 1땀 바느질한다.

6 4의 단추를 리본 위에 올리고 실로 흰색 단추를 단다.
   맨 위의 베이지색 단추도 실로 달아서 들뜨지 않게 마
   무리한다.

Tip

흰색 단추와 와이어를 연결할 때는 단추의 높이가 조
금씩 들쭉날쭉하도록 조절해 가면서 와이어를 연결해
야 더 예쁘다.

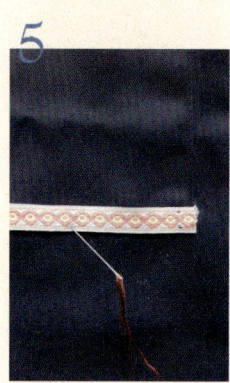

Apron

조금 특별한 날에 입고 싶은 앞치마가 있어요. 나만의 취향으로 장식한 단추 앞치마를 이런 날 꺼내 입으면 어떨까요? 단추로 작은 꽃을 만들어 앞치마의 주머니 부분에 살포시 달아 보아요. 그저 평범했던 앞치마가 새롭게 태어납니다.

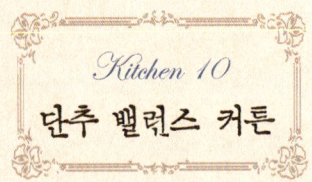

Kitchen 10
단추 밸런스 커튼

주방 창문이나 싱크대의 허전한 면을 채워 줄 밸런스 커튼입니다. 커튼 밑단에 단추를 조르르 달아 주었더니 색다른 느낌을 줍니다. 커튼은 직선 박음질로 박아서 집게를 달았어요. 봉에 끼울 수 있는 집게로 살짝 집어 주면 따로 고리를 만들어 주지 않아도 되어 편리합니다. 커튼을 여러 개 만들어 두었다가 기분에 따라 교체하면 좋아요.

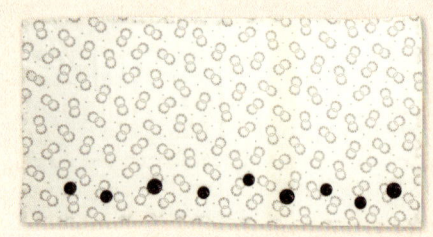

How to make ------------------------

재료 2.5cm 검은색 구멍 단추 6개,
3cm 검은색 구멍 단추 3개, 흰색 거즈 천 1/2마,
검은색 실 적당량, 집게 5개, 바늘, 가위

1 40×90cm로 거즈 천을 자른 뒤 4면을 박음질한다.
2 검은색 실로 2.5cm 단추를 2개 달고 3cm 단추를 1개 단다. 2번 더 반복한다. 완성되면 집게를 이용해 고정시킨다.

Tip

물결처럼 자연스럽게 단추의 높낮이를 다르게 고정하면 자연스럽다. 중간중간 포인트가 되도록 큰 단추를 섞어 달거나, 컬러가 다른 단추를 달아도 포인트가 된다.

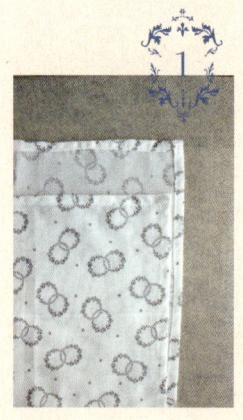

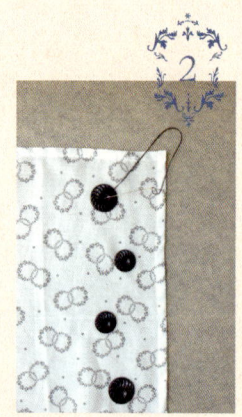

Valance Curtain

Kitchen 11
냉장고 자석

냉장고 자석을 모으는 취미가 있어서 독특한 자석을 하나둘 모으다 보니 아예 직접 만들게 되었어요. 단추는 냉장고 자석을 만들기 좋은 소재입니다. 일반 단추도 좋지만 싸개 단추를 이용하면 주방 분위기와 더욱 잘 어울려요. 집들이 선물로도 좋은 아이템이지요.

How to make ------------------------

재료 4cm 싸개 단추 1개, 2.9cm 싸개 단추 2개씩, 검은색 · 하늘색 · 연보라색 꽃무늬 천 적당량씩, 핑크색 · 남색 토손 레이스 약간씩, 싸개 단추 몰드, 자석 3개, 가위, 글루건, 기화성 펜, 니퍼(또는 평 집게)

1 꽃무늬 천 위에 싸개 몰드에 들어있는 도안을 대고 기화성 펜으로 그린 뒤 둥글게 자른다.

2 토손 레이스를 원형 크기보다 약간 여유있게 자른다. 레이스–천–단추의 순으로 올린다.

3 싸개 단추 몰드를 이용해 싸개 단추를 만든 다음 고리를 니퍼나 평 집게를 이용해 제거한다. (p.022 만드는 법 참고)

4 단추 뒷면에 글루건으로 자석을 붙인다.

Tip

천과 레이스를 함께 넣고 싸개 단추를 만들 때는 얇은 천을 사용해야 모양이 매끄럽게 마무리 된다.

1

2

3
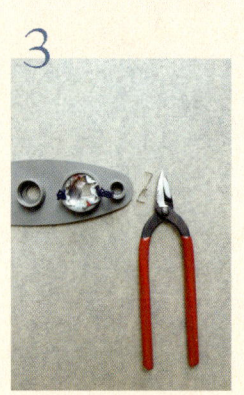

4

Magnet

Kitchen 12
컵 워머

일회용으로 사용하는 슬리브 대신 집에서 늘 사용할 수 있는 컵 워머입니다. 뜨거운 차를 마실 때, 그리고 온도를 따뜻하게 보존하고 싶을 때 유용하지요. 디자인 단추로 장식해 스타일을 업그레이드했어요.

How to make ----------

재료 2.5cm 남색 14홀 구멍 단추 3개,
초록색 펠트 적당량,
초록색 실·벨크로테이프 약간씩, 종이 슬리브 1개,
기화성 펜, 바늘, 가위

1 1회용 종이 슬리브를 펠트 위에 대고 기화성 펜으로 도안을 그린 뒤 가위로 자른다.

2 초록색 실로 단추 가장자리의 구멍을 2개는 감침질하듯이 연결하고, 1개는 버튼홀 스티치처럼 연결한다.

3 펠트 중심에 단추를 대고 가운데 구멍으로 초록색 실로 고정시킨다.

4 펠트 양 끝에 벨크로테이프를 붙여서 쉽게 붙였다 뗄 수 있게 한다.

Tip

펠트와 단추, 실의 컬러를 비슷한 톤으로 하면 차분해 보이는 효과를 줄 수 있다. 조금 더 개성있는 연출을 하고 싶다면 단추나 실의 컬러를 원색으로 바꾸는 것도 좋다.

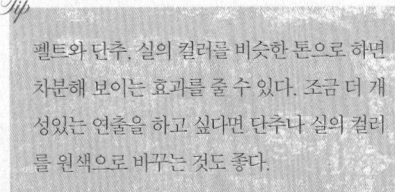

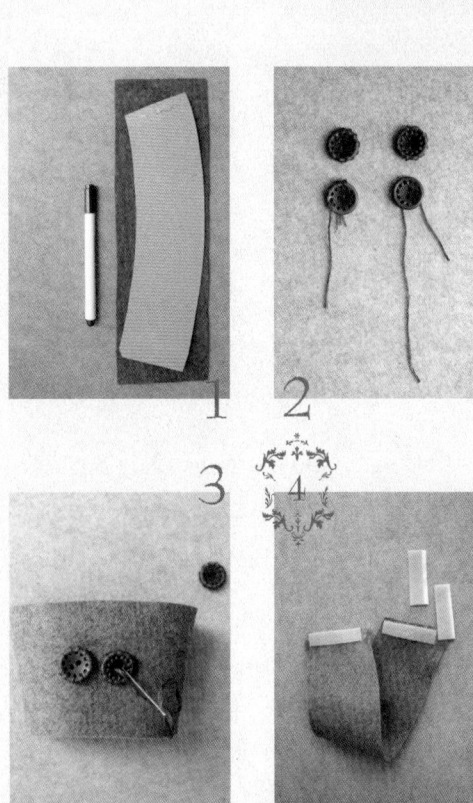

Cup Warmer

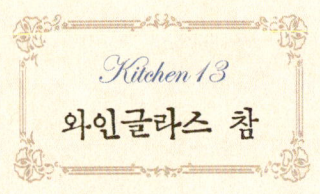

Kitchen 13
와인글라스 참

단추로 와인글라스 참을 만들어 보았어요. 모임이나 파티에서 자기가 마시던 와인글라스가 어떤 것인지 헷갈릴 때가 많잖아요. 이때 요긴하게 사용할 수 있는 것이 바로 와인글라스 참이에요. 잔 아래에 참을 살짝 걸어 자신의 잔을 표시하면 서로 혼동되지 않아서 편리하답니다. 맥주병이나 탄산수 병 입구에 걸어도 좋아요.

How to make -

재료 초록빛 구멍 단추 2개, 빨간색 단추 1개, 꽃 철사 적당량, 니퍼

1 꽃 철사를 니퍼로 15cm 정도 길이로 자른다.
2 자른 철사를 단춧구멍에 끼운다.
3 단추 밑에서부터 엇갈리게 꼬아 준다.
4 철사의 끝을 링 모양으로 둥글게 만다.

Tip

일정한 간격으로 철사를 꼬아 주어야 예쁜 모양으로 마무리된다. 끝부분을 완전히 링으로 구부리지 말고 여백을 조금 남겨 두면 와인글라스에 걸기 편하다.

1

2

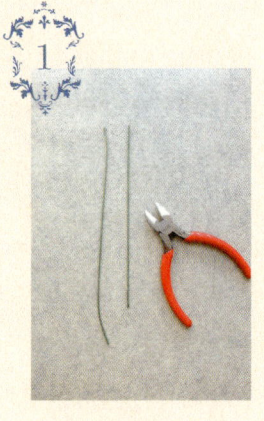 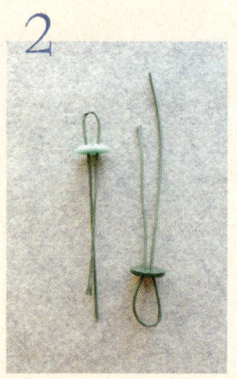

3

4

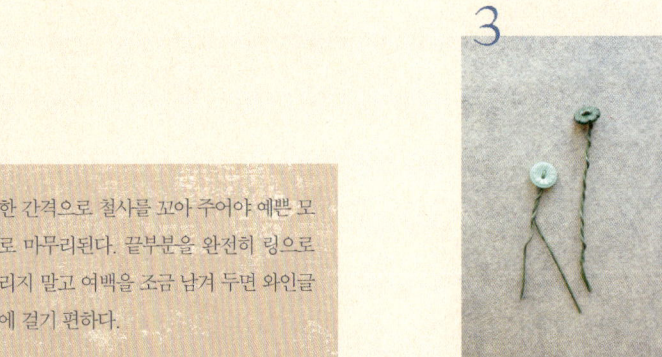 

Wineglass Charm

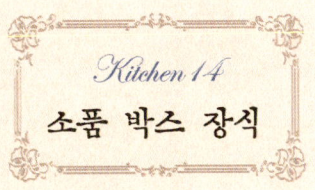

Kitchen 14
소품 박스 장식

단추와 실을 이용해 과일, 꽃 등의 다양한 그림을 만들 수 있어요. 과자나 티백, 큐브 설탕과 같이 작은 것들을 수납할 수 있도록 작은 상자를 주방 소품 박스로 활용해 보세요. 체리로 수 놓은 상자를 식탁이나 싱크대 위에 올려 두세요. 실용적인 수납이 가능한 것은 물론 식탁 분위기도 화사해집니다.

How to make -------------------------

재료 1.5cm · 2cm 빨간색 단추 1개씩, 둥근 박스 1개, 베이지색 린넨 천 적당량, 연두색 린넨 천 · 초록색 실 · 양면테이프 약간씩, 기화성 펜, 바늘, 가위

1 베이지색 천에 기화성 펜으로 박스 뚜껑 크기에 맞춰 둥글게 원을 그린 뒤 가위로 자른다.

2 빨간색 단추를 초록색 실로 서로 간격을 두고 십자 모양으로 구멍에 단다.

3 기화성 펜으로 단추 윗부분부터 중앙까지 연결되도록 사선을 그린 뒤 초록색 실로 반박음질한다.

4 나뭇잎 모양으로 연두색 천을 자른 뒤 3의 스티치가 끝난 부분에 대고 중앙을 가로질러 초록색 실로 반박음질한다.

5 천의 뒷면에 양면테이프를 붙인 뒤 박스에 고정한다.

Tip

볼록한 단추의 앞면 대신 단추 뒷면을 앞으로 달아서 단추의 홈을 없애 주었다. 전형적인 단추의 모양이 아니라 오히려 멋스럽다.

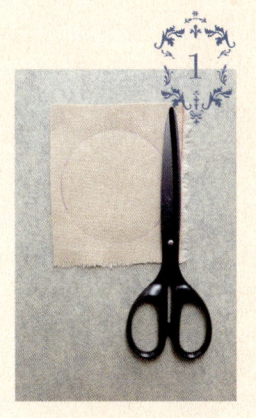

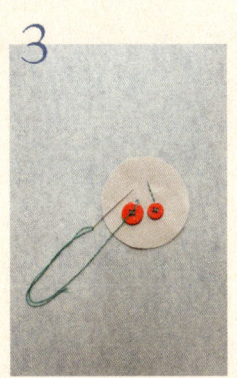

Box Deco

FASHION   SPECIAL

della con
pperi

1 (3-po...
8...
1 whi...
...
6 large...
...dr...
tables...
vineg...
garlic...
teaspo...
choppe...
2 teaspo...

...cken...so you might want to
... & then cut each half into four
...e of that away. You may need
... the remnants with a sharp knife.
...es & a lid that fits well—& even
...ing. This is lovely with radicchio

...eces in a large nonstick skillet until brown on all sides,
... & pepper (not too much salt as you'll have anchovies in

...ieces onto a plate, & add th...
...il pale golden, then add th...
...th a wooden spoon.

...garlic, ro...
...duc...
...st an...
...tes, th...
... 15 m...
...golden b...

JHB Internati
DENVER
70¢   BUTTONS

2124   90¢

la petite

No.0 THE LOF

WASHABLE
SZ P24-5/8...

Crane   98¢
WASHABLE

HOLLAND

재킷에서 단추의 의미는 상당히 중요합니다. 재킷은 단추에 따라 크게 싱글 브레스티드(단추가 일렬로 달린 것)와 더블 브레스티드(단추가 2줄로 일렬로 달린 것)로 나눌 수 있습니다. 드레시하고 클래식한 느낌을 주는 더블 브레스티드는 싱글 브레스티드보다 캐주얼하고 날씬해 보이는 장점이 있습니다. 최근 국내에서는 싱글 브레스티드가 꾸준히 유행중이지요.

체형에 따라 단추가 달린 위치가 다른 옷을 선택하는 것이 좋은데 상체가 볼륨이 있는 경우는 단추가 3개 이상의 달린 재킷을 선택하는 것이 좋아요. 단추가 하나 달린 싱글 브레스티드는 트렌디한 느낌을 줄 수 있으며 보다 개성적입니다. 유행은 자꾸 바뀌므로 그때그때 유행하는 단추 스타일을 미리 체크해 보고 구입을 하는 것이 좋습니다.

매일 양복을 입는 남성들도 의외로 올바르게 단추를 채우는 법은 잘 알지 못하는 경우가 많습니다. 수트 단추를 모두 채워야 하는지, 1~2개쯤 열어 두는 것이 맞는지에 관해 정확히 알지 못해 격식을 차려야 하는 자리에 갈 때면 무의식적으로 단추를 채우고는 하지요.

남성의 경우에는 특히 재킷의 단추 채우는 법이 중요합니다. 예의를 갖춰야 하는 자리에서 모든 단추를 채우는 것은 오히려 기본적인 수트의 법칙에 어긋나는 것이라고 합니다. 서 있을 때 채우고 앉으면 푸는 것이 원칙이며 맨 아래 단추는 채우지 않는 것이 기본입니다. 단추가 2개 달린 재킷이라도 맨 위단추만 잠그는 것이 룰이라고 합니다. 재킷 없이 셔츠나 티셔츠를 입을 때 단추를 여러 개 풀어 두면 주위 사람의 눈살을 찌푸리게 하죠. 아무리 더운 여름이라도 3개 이상은 풀지 않는 것이 에티켓이에요. 노타이로 셔츠를 입을 때도 단추는 1~2개 정도 채우지 않는 것이 적당합니다.

vase

wreath

basket

room shoes

frame

wall clock

mobil

cushion

sachet

calendar

camera strap

doll

coat hanger

wooden clothespin

purse

pincushion

bookmark

Home Deco

색다른 인테리어 데커레이션을 위한
단추 장식

Vase

Home Deco 01
꽃병

음료수를 마시고 남은 유리병을 꽃병으로 재활용해 보았어요. 이렇게 밋밋한 유리병일수록 단추 장식으로 보다 유니크한 변신이 가능해요. 1송이 또는 3송이 정도만 꽃을 꽂는 작은 꽃병으로 활용하기 좋은 아이디어입니다.

How to make ----------------------

재료 1cm 베이지색 단추 2개, 1cm 회색 단추 2개, 음료수병 1개, 면 라벨 1개, 빨간색 실 20cm, 가위, 글루건

1 실에 베이지색 단추를 꿴 다음 단추에 바짝 붙여서 묶어서 매듭이 잘 보이지 않게 마무리한다.

2 회색 단추도 1과 같은 방법으로 끼운다. 나머지 단추들도 같은 방법으로 마무리한다.

3 유리병의 입구에 2의 끈을 묶는다.

4 글루건으로 면 라벨을 병 하단에 붙인다.

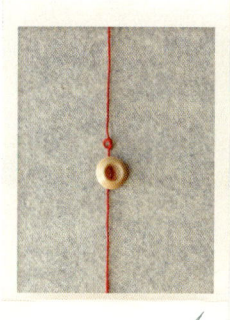

1

2

Tip

라벨에 원하는 글자를 적거나 스탬핑해 붙이면 밋밋하지 않다. 라벨 대신 마스킹테이프를 둘러 주어도 색다른 느낌을 준다.

3

4

Wreath

크리스마스 리스

리스는 공간에 포인트를 줄 때 즐겨 사용하는 데커레이션 아이템입니다. 크리스마스 시즌, 단추 리스 1~2개로 공간을 조금 색다르게 표현해 보세요. 눈을 상징하는 흰색 단추를 리스에 충분히 달아서 크리스마스 무드를 조성했습니다. 단추의 컬러는 리스와 통일해도 좋고 크리스마스의 상징인 레드, 그린으로 바꿔서 달아도 좋아요. 리스는 부자재나 꽃 시장에서 쉽게 구입할 수 있습니다.

How to make

재료 1~2cm 흰색 빈티지 단추 30개 정도,
지름 20cm 초록색 리스 1개, 레이스 천 15×8cm,
글루건

1 레이스 천은 가운데를 묶어서 리본 모양으로 만든다.
2 글루건으로 리스 상단 중앙에 리본을 붙인다.
3 단추를 리스 하단부터 글루건으로 붙인다.
4 크고 작은 단추를 번갈아 글루건으로 붙인다. 일정한 간격을 두고 붙이기보다는 서로 겹치고 여백을 주는 등 강약을 조절해 가며 리스 전체에 붙인다.

1가지 컬러의 단추만 이용해서 만드는 것이 포인트. 다양한 색을 사용하게 되면 조잡해 보일 수 있으므로 주의한다. 대신 단추의 모양과 크기는 다양한 것을 사용해 밋밋함을 피한다.

1

2

3

4

Basket

싸개 단추 바스켓

내추럴한 바스켓에 린넨 천으로 만든 싸개 단추를 장식했어요. 편안한 느낌을 주는 아이보리와 브라운 컬러가 서로 조화를 이루어 소박한 멋을 더해 줍니다. 패브릭을 담아 두어도 좋고 자잘한 것을 넣어 수납할 때도 유용합니다. 싸개 단추를 달았더니 스툴이나 의자, 테이블, 콘솔 등 어디에 올려 두어도 좋은 데커레이션 소품이 되었어요.

How to make

재료 2.5cm 싸개 단추 6개, 아이보리색 · 갈색 린넨 천 적당량씩, 바스켓 1개, 싸개 단추 몰드, 두꺼운 면 끈 적당량, 기화성 펜, 알파벳 스탬프, 검은색 스탬프 잉크, 글루건, 가위

1 아이보리색, 갈색 천에 싸개 단추 몰드에 있는 원형 도안을 기화성 펜으로 각각 3개씩 그린 뒤 재단한다. 색이 다른 천에 스펠링 하나씩을 번갈아 가며 스탬프로 'BASKET'이라고 검은색 잉크로 스탬핑한다.

2 1의 천을 싸개 단추와 몰드를 이용해 싸개 단추를 만든다. (p.022 만드는 법 참고)

3 면 끈을 40cm 정도 길이로 잘라 싸개 단추를 'BASKET' 순서대로 끼운다.

4 바스켓의 양 손잡이에 끈을 묶는다.

Tip

바스켓에 단추가 자연스럽게 늘어지게 하려면 끈에 끼워 묶는다. 단추를 일정한 간격으로 고정시키고 싶다면 단추를 끼운 뒤 매듭을 짓고 다시 간격을 띄워 매듭짓고 단추를 끼워 연결한다.

Room Shoes

실내화

아무런 장식 없는 심플한 실내화는 쉽게 질리지 않고 어디에나 어울리지만, 그래도 가끔은 색다른 것을 신고 싶어지죠. 손님을 맞을 때도 조금 색다른 실내화를 꺼내 두고 싶고요. 이럴 때 단추로 옷을 입혀 주세요. 레이스나 리본을 두르고 단추를 발등 부분에 나란히 달아 주는 것만으로도 충분히 멋스러워집니다.

How to make

재료 1.5cm 초록색 · 파란색 단추 3개씩, 베이식한 실내화, 아이보리색 토숀 레이스 · 갈색 실 적당량씩, 바늘, 가위

1 레이스는 실내화의 발등 사이즈에 맞게 20cm 정도 길이로 자른다.

2 레이스의 양끝을 갈색 실로 1땀 바느질해 고정한다.

3 파란색 단추를 레이스의 중앙에 대고 갈색 실로 구멍을 X자 모양으로 연결해 단다.

4 같은 방법으로 초록색 단추를 단 다음 파란색, 초록색의 순으로 번갈아 가며 단추를 단다. 나머지 슬리퍼 하나도 같은 방법으로 마무리한다.

Tip

단추만 달아도 되지만 레이스를 덧대면 더욱 아기자기한 느낌을 더할 수 있다. 레이스가 고정될 수 있도록 단추를 달기 전에 미리 양끝이나 레이스를 중간중간 실로 바느질해 고정하면 튼튼하게 신을 수 있다.

2

3

4

Stamp
Frame

Home Deco 05
스탬프 액자

handstamped by:

단추를 스탬프로 만들어 보았어요. 와인 코르크에 단추를 붙이면 간단하게 나만의 단추 스탬프를 만들 수 있습니다. 직접 만든 단추 스탬프는 액자로 이용해도 좋지만 여러 가지 다양한 장식에도 활용할 수 있습니다. 포장지나 태그에 찍어서 포인트를 주어도 좋고 밋밋한 노트나 천, 그릇에 살짝 찍어 주면 나만의 이니셜처럼 활용할 수 있지요.

How to make --------------------------------

재료 2.2cm 가죽 단추 1개, 1.8cm 나무 단추 1개, 흰색 액자 1개, 9×15cm 종이 원단, 와인 코르크 1개, 검은색 스탬프 잉크, 글루건, 가위

1 액자 프레임의 크기에 맞게 크라프트 종이를 자른다.

2 와인 코르크에 글루건으로 단추를 붙인다.

3 종이 원단의 중앙에 가죽 단추를 글루건으로 붙인다.

4 단추 스탬프에 검은색 잉크를 묻힌 뒤 가죽 단추의 위아래에 찍는다. 액자 프레임에 끼워 주면 완성.

Tip

코팅된 단추나 표면이 편평하지 않은 단추는 스탬프로 만들었을 때 모양이 편평하게 찍히지 않는다. 나무와 같이 매트한 질감으로 마무리된 단추가 잘 찍히므로 소재를 잘 골라야 한다.

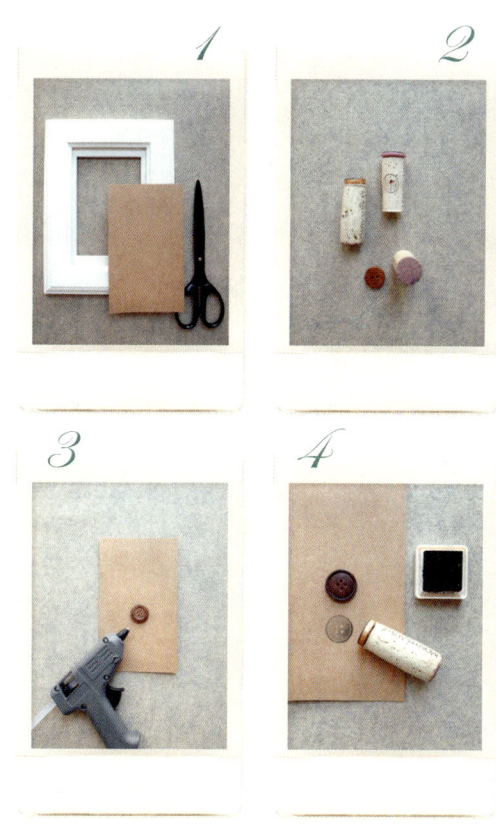

Wall Clock

벽시계

단추로 표현할 수 있는 것은 참 많습니다. 시계의 시침을 가리키는 부분에 숫자 대신 단추를 달아 시계를 만들어 보았어요. 다소 투박하게 느껴지는 원형 단추를 사용해 아날로그 분위기를 더했습니다. 모노톤의 단추를 선택하면 산만하지 않아서 시계를 보기에 더 편리합니다.

How to make

재료 1.5cm · 2cm 검은색 단추 2개씩, 반제품 벽시계 1개, 빨간색 실 약간, 숫자 스티커, 가위, 글루건, 건전지

1 단춧구멍에 실을 끼워 매듭짓는다.

2 둥근 시계 판에 매듭지은 단추 중 큰 단추를 12시, 6시 방향에 글루건으로 붙인다. 3시, 9시 방향에 작은 단추를 붙인다.

3 단추를 붙이지 않은 시침 부분에 숫자 스티커를 붙인다.

4 시계의 초침, 분침, 시침을 연결하고 뒷면에 오너먼트를 부착한 뒤 건전지를 끼운다.

Tip

시침 부분에 모두 단추를 달면 산만해서 시계를 보기 불편할 수 있다. 12, 6시와 3, 9시 등 강조해야 할 부분에만 단추를 단다. 단추의 크기를 2가지로 구분하면 시간을 더욱 쉽게 알아볼 수 있다.

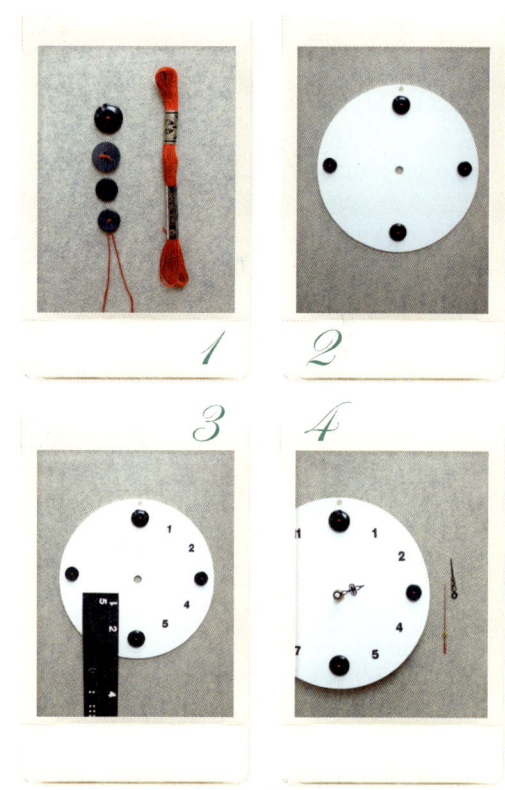

Mobil

단추 모빌

꽃 모양 프레임의 단추로 모빌을 만들었어요. 찰랑찰랑 바람에 흔들리는 단추
모빌이 풍경만큼이나 사랑스러워요. 거실 창가나 아이 방에 살짝 걸어 두세요.
나무와 마 스트링을 사용해 자연 친화적인 느낌을 더했습니다.

How to make -------------------------

재료 2cm 꽃 프레임 단추 24개,
1.5cm 꽃 프레임 단추 18개,
베이지색 토손 레이스 60cm, 30cm 나뭇가지 1개,
베이지색 린넨 실 적당량, 가위, 글루건

1 린넨 실을 30cm 길이로 2줄 자른 뒤 나뭇가지의 양
   모서리에 걸고 함께 모아서 매듭을 짓는다.

2 토손 레이스를 30cm 길이로 2줄 자른 뒤 1줄에
   2cm 단추 5개를 글루건으로 6cm 정도의 간격으로
   붙인다. 나머지 1줄은 1.5cm 단추를 간격을 조금 좁
   혀 6개 붙인다. 단추 뒷면에도 단추를 붙인다.

3 린넨 실도 30cm로 2줄 자른 뒤 1줄은 2cm 단추 5
   개를 6cm 정도의 간격으로 글루건으로 붙인다. 나
   머지 1줄은 1.5cm 단추를 간격을 조금 좁혀 6개 붙
   인다. 단추 뒷면에도 같은 단추를 붙인다.

4 나뭇가지에 완성된 2와 3을 묶는다.

 Tip

레이스와 실에 단추를 달 때 1줄은 분홍빛, 1
줄은 초록빛의 단추를 골라 붙인다. 중간중간
화이트 단추를 붙이면 포인트가 된다. 나무에
묶을 때는 초록과 핑크색이 서로 엇갈리도록
묶어 주면 더욱 멋스럽다.

Cushion

단추 쿠션

밋밋한 쿠션에 포인트를 줄 때는 단추만한 부자재가 없죠. 쿠션에 단추만 달아도 충분히 남다른 감각을 뽐낼 수 있습니다. 단추에 레이스를 더한다면 한층 로맨틱한 무드를 조성할 수 있어요.

 How to make --------------------------

재료 1.8cm 연두색 터널 단추 6개, 쿠션 1개, 토손 레이스 45cm, 흰색 실 약간, 바늘, 가위

1　토손 레이스를 쿠션의 1/3 지점에 길게 대고 흰색 실로 끝부분부터 1땀 바느질한다. 4cm 간격으로 1땀 바느질하여 레이스와 쿠션을 연결한다.

2　단추를 5cm 간격으로 레이스 위에 올린 다음 실로 단다.

Tip

단추를 일렬로 달면 단정한 느낌을 줄 수 있고 사선이나 +자로 달면 리드미컬하게 연출할 수 있다. 큰 단추를 쿠션 중앙에 하나만 달아 포인트를 주어도 좋다. 레이스 대신 리본을 사용해도 된다.

1

2

Frame

Home Deco 09
단추 모티브 액자

단추와 천으로 콜라주를 만들어 그림 대신 액자에 끼워 주었어요. 이때 천은
다소 화려한 패턴을 사용해도 좋고 나뭇잎 무늬 대신 둥글거나 네모난 무늬를
작게 잘라서 연결해도 좋아요. 무늬를 달리해 액자를 여러 개 만들면 벽 장식
으로 재미있게 연출할 수 있습니다.

How to make

재료 1cm 단추 9개, 액자 1개,
베이지색 린넨 천 15×20cm, 패턴 천 적당량, 가위,
글루건, 양면테이프, 기화성 펜

1 무늬가 조금씩 다른 패턴 천에 펜으로 4.5cm 길이
  의 나뭇잎 모양을 9장 그린 뒤 가위로 자른다.
2 액자의 속 프레임 크기에 맞춰 베이지색 린넨 천
  을 재단한다.
3 2의 천에 양면테이프로 나뭇잎 천을 3개를 일렬로
  붙인다. 2줄을 더 만든다.
4 나뭇잎의 가운데에 단추를 글루건으로 붙인다.

Tip

패턴 천의 모양이 서로 조화가 되도록 컬러
와 무늬를 맞춰 가며 붙인다. 천과 단추의 컬
러를 서로 잘 어울리는 것으로 골라야 어색하
지 않다.

1

2

3

4

스토퍼와 미니 단추 2가지 종류의 단추를 이용했어요. 말린 꽃잎이나 방향제,
커피 원두 등 향이 나는 것을 담아 놓아 두면 좋은 향주머니. 향긋한 냄새는 물
론 그 자체로도 예쁜 데커레이션 아이템이 됩니다.

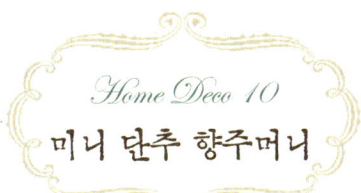

Home Deco 10
미니 단추 향주머니

How to make -----------------------

재료 5mm 미니 단추 7개, 3cm 스틸 스토퍼 1개,
갈색 체크무늬 린넨 천 10×14cm 2장,
레이스 모티브 2개, 베이지색 린넨 실 25cm,
빨간색 실·흰색 실 약간씩, 바늘, 가위, 글루건

1. 갈색 천 2장을 겹친 뒤 시접 부분 5mm를 남기고
   빨간색 실로 3면을 박음질한다. 상단에는 2cm 정
   도 여백을 둔다.

2. 하단 시접 아래의 양쪽 모서리를 삼각형으로 가위
   집을 낸 다음 뒤집는다.

3. 뒤집은 다음 린넨 실로 홈질한다.

4. 하트 모티브 위에 미니 단추를 글루건으로 단다.

5. 하트 레이스 모티브를 중심에 대고 흰색 실로 모티
   브의 상단과 하단을 1땀 바느질한다.

6. 3의 홈질한 실 양쪽 남은 실을 스토퍼에 연결해 조
   인 다음 끝 부분을 매듭짓는다.

Tip

단추는 모티브 위에 흩뿌린 듯 자연스럽게 부착하는 것
이 더 예쁘다. 글루건 대신 실로 붙여도 된다.

1

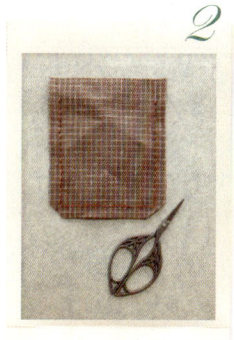

2

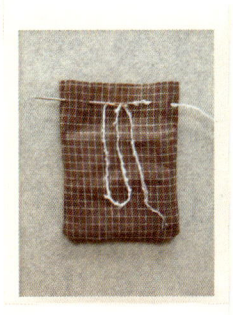

3

4

5

6

Calendar

Home Deco 11
만년 달력

유니크한 디자인의 단추 달력을 소개합니다. 단추에 숫자를 넣어서 달력을 완성했어요. 다음 달이 되면 단추의 자리만 바꾸어 달면 되므로 계속해서 사용할 수 있지요. 단추의 컬러와 위치도 매달 달라지므로 새로운 달력을 만나는 재미가 있습니다.

How to make

재료 1.8cm 단추(흰색·연보라색·노란색·귤색·핑크색·자주색) 38개, 25×30cm 액자 1개, 회색 펠트 22×29cm, A4 크라프트 스티커 1장, 플라스틱 장식 2개, 양면테이프 약간, 가위

1 액자의 프레임에 맞게 펠트를 자른다.

2 컴퓨터 문서 상에서 1.3cm 지름의 원 안에 1부터 31까지 그려 넣은 뒤 크라프트 스티커에 인쇄한다. 월에 해당하는 숫자는 영문과 숫자 2가지로 인쇄해 오린다(라벨지에 직접 써도 된다).

3 원의 라인대로 오린 뒤 단추에 붙인다.

4 회색 펠트 위에 날짜 순서대로 줄을 맞춰 가며 양면테이프로 붙인다. 원형 플라스틱 장식에 월을 표기 하고, 액자 프레임에 끼운다.

Tip

요일을 표시하는 단추의 컬러는 숫자와 다른 것을 사용한다. 평일과 주말을 서로 다른 단추 컬러로 구분해 붙이면 알아보기 쉽다.

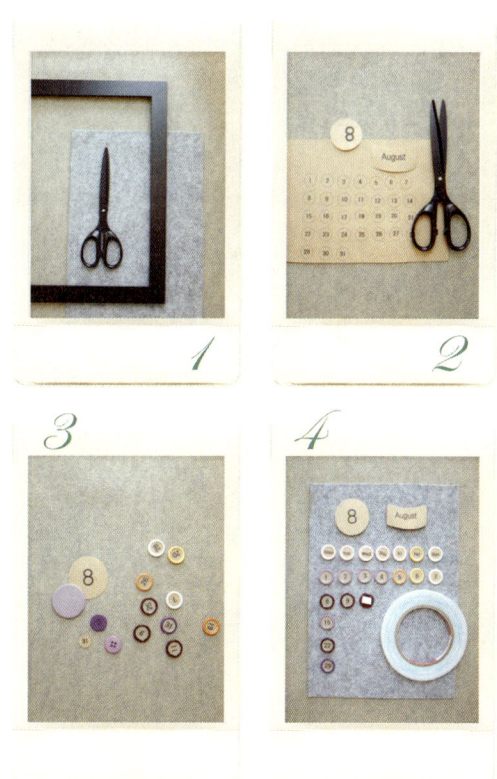

Camera Strap

카메라 스트랩

카메라의 스트랩은 보통 어둡고 칙칙한 단색 줄이 대부분이지요. 이런 카메라의 스트랩을 컬러풀하고 재미있게 바꿔 보면 어떨까요? 귀여운 리본과 컷팅 보석 모양의 단추를 장식해서 아기자기한 재미를 주었어요. 줄 하나 바꾸었는데도 전혀 색다른 느낌이 나서 사진을 찍을 때마다 즐거워집니다.

How to make

재료 1.8cm 흰색 리본 고리 단추 · 1.2cm 흰색 반원 고리 단추 2개씩, 1.5cm 파란색 · 초록색 코팅 끈 30cm씩, 가위

1 코팅 끈을 반으로 접은 뒤 상단으로부터 3.5cm 내려온 부분에 리본 단추를 끼운다.

2 리본 단추 밑에서 끈을 1번 묶는다.

3 줄 끝에서 4cm 올라간 위치에 반원 단추를 끼운 뒤 단추 밑에서 매듭을 짓는다.

4 반원 단추 끝 부분에 남겨진 끈 2줄은 8자 매듭을 짓는다. 가위로 남은 끈을 깨끗이 자른다.

 Tip

리본 단추가 둥근 고리 부분을 통과해야 하므로 끈을 너무 짧게 남기면 단추가 통과하기 힘들다. 둥근 부분을 카메라의 구멍에 끼운 뒤 줄을 통과시키면 쉽게 끼울 수 있다.

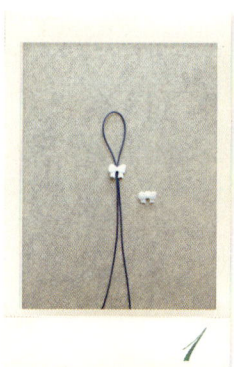

1

2

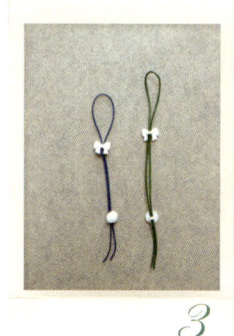

3

4

Doll

Home Deco 13
인형 옷

마음에 들지 않는 인형 옷에 단추를 달아 리폼하니 전혀 다른 옷을 입은 것 같아 더욱 사랑스러워졌어요. 꽃이 핀 것 같은 단추 바느질은 귀여운 인형과 잘 어울립니다. 머플러를 둘러 스타일리시한 멋도 더했어요.

How to make

재료 5mm 파스텔톤 미니 단추 9개,
1.2cm 귤색 단추 1개, 1.5cm 하늘색 단추 1개,
수크레 인형 1개, 레이스 모티브 1개, 옷핀 1개,
베이지색 린넨 천 적당량, 보라색 실 약간, 바늘, 가위

1 보라색 실로 인형 치마 밑단의 2cm 올라온 지점에
   귤색 단추를 단다.

2 미니 단추를 보라색 실로 귤색 단추 둘레에 단다.

3 린넨 천에 20cm 길이, 폭 4cm의 반원을 그린 뒤
   가위로 자른다.

4 목에 3의 천을 머플러처럼 두른 뒤 사이드에 레
   이스 모티브와 하늘색 단추를 함께 옷핀으로 끼
   워 고정한다.

Tip

치맛단에 단추를 꽃잎처럼 둥글게 조르르 달
아 준다. 미니 단추의 색을 톤이 조금씩 다른
것을 선택하면 밋밋하지 않다.

1

2

3

4

Coat Hanger

옷걸이 리폼

세탁소에서 주는 흰 와이어 옷걸이는 너무 얇고 단단해서 옷을 걸면 어깨 부분이 늘어나고는 했죠. 여기에 리본을 감아 볼륨을 주었더니 티셔츠도 안심하고 걸 수 있어서 버리지 않고 재활용을 하게 되었어요. 단추로 포인트를 주면 조금 더 감각적으로 리폼을 할 수 있답니다.

How to make

재료 2cm 노란색 단추 1개, 와이어 옷걸이 1개,
주황색 꽃무늬 펠트 1개,
3.5cm 주황색 체크무늬 리본 2마, 노란색 실 약간,
글루건, 가위

1 체크 리본을 옷걸이의 끝부분에 대고 살짝 감싼 뒤 글루건으로 고정한다.

2 리본을 돌려 가면서 옷걸이를 감은 뒤 끝은 글루건으로 고정한다.

3 옷걸이의 중앙 부분에 꽃무늬 펠트를 글루건으로 붙인다.

4 노란색 실로 단추를 11자로 연결해 매듭을 지은 뒤 글루건으로 펠트 위에 붙인다.

Tip

리본은 와이어가 보이지 않게 촘촘하고 단단하게 감아야 쉽게 풀리거나 밀리지 않는다.

1

2

3

4

Wooden Clothespin

싸개 단추로 포인트를 주면 그저 평범했던 나무집게도 조금 더 특별해집니다. 사진이나 엽서를 부착하거나 서류나 영수증을 분류할 때, 행주나 손수건을 널거나 봉투의 입구를 여밀 때 등… 나무집게를 새롭게 활용해 보세요. 자꾸 사용하고 싶어집니다.

Home Deco 15

나무집게

Plus Idea

How to make -

재료 1.2cm 싸개 단추 4개, 3.5cm 오렌지색 ·
풀색 체크 리본 8cm, 나무집게 4개,
풀색 마스킹테이프 · 꽃무늬 패턴(주황색 · 갈색 · 미색)
마스킹테이프 적당량씩, 가위, 글루건

1 나무집게에 마스킹테이프를 붙인다. 한 면은 풀
   색, 다른 1면은 서로 색이 다른 꽃무늬 마스킹테이
   프를 붙인다.

2 체크 리본은 몰드에 들어 있는 원형 도안대로 둥
   글게 재단한다.

3 2의 천을 싸개 단추 밑에 깔고 몰드를 이용해 싸개
   단추를 만든다. (p.022 만드는 법 참고)

4 나무집게에 싸개 단추를 글루건으로 붙인다.

Tip

싸개 단추의 고리 부분에 글루를 바른 뒤 나무
집게의 홈이 있는 부분에 끼워 넣으면 단단히
고정할 수 있다.

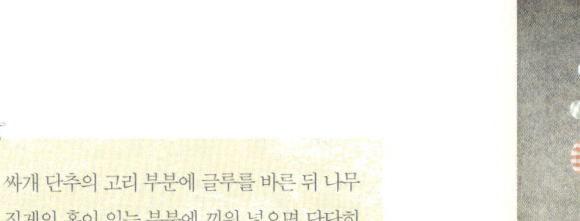

1

2

3

4

가시 단추와 디자인 단추로 앙증맞은 작은 지갑을 만들었어요. 동전 지갑으로
사용해도 좋고, 클립이나 핀, 열쇠, 작은 단추와 같은 잡다한 것들을 보관하기
에도 좋습니다. 종이 원단을 사용해 질기고 튼튼한 데다 가시 단추로 쉽게 여
닫을 수 있어서 더욱 실용적이에요.

소품 지갑

How to make

재료 2.5cm 고동색 14홀 단추 1개,
1cm 빨간색 가시 단추 1개, 종이 원단 30×10cm,
흰색 실 약간, 바늘, 가시단추 기구, 연필, 가위, 망치

1 종이 원단에 밑변 11cm의 삼각형 모양을 연필로 그린다.

2 사다리꼴이 되도록 양옆을 자른 뒤 그림처럼 접는다.

3 단추의 겉면의 12개 구멍을 버튼홀 스티치 모양으로 연결한다.

4 삼각 모양으로 접은 2의 앞면 중앙에 단추를 올리고 흰색 실로 단다.

5 가시 단추의 안숫놈을 단추 달 자리에 끼워 준 뒤 뒷면에 안암놈을 대고 기구로 부착한다.

6 4의 하단에 겉숫놈을 단 뒤 안쪽에 겉암놈을 올리고 기구로 부착한다. (p.021 만드는 법 참고)

Tip

얇은 종이나 천에 가시 단추를 달 때는 밑에 펀칭 보드나 가시 단추 원형 몰드를 대고 박아야 종이나 천이 찢어지는 것을 막을 수 있다. 망치질을 가볍게 하거나 고무망치를 사용하면 단추의 모양이 망가지지 않는다.

1

2

3

4

5

6

동글동글 알록달록한 단추가 맛있는 토핑을 잔뜩 올린 컵케이크처럼 먹음직스
러워요. 바늘과 시침핀을 보관할 데가 마땅치 않았는데 종이 컵케이크 틀로 핀
쿠션을 만들었더니 고민이 해결되었어요. 바늘을 단추 구멍에 쏙쏙 끼워 넣으
면 더 찾기 쉽답니다.

Pincushion

Home Deco 17
핀쿠션

How to make -

재료 1.8cm 구멍 단추 2개, 2.2cm 구멍 단추 1개,
핑크색 꽃무늬 천 사방 20cm, 종이 머핀 컵 1개,
시침핀 6개, 방울 솜 적당량, 핑크색 실 약간, 바늘,
가위, 기화성 펜

1 꽃무늬 천에 15cm 지름의 원형을 기화성 펜으로 그
   려 자른 다음 가장자리에서 1.5cm 내려온 지점에서
   핑크색 실로 홈질한다.

2 남은 양쪽의 실을 당겨서 오므린다.

3 2에 방울 솜을 충분히 넣어주고 실을 당겨서 매
   듭짓는다.

4 종이 머핀 컵에 3을 넣고 윗면에 단추를 올린 뒤 핀
   을 구멍에 꽂아 고정한다.

1   *2*

3   *4*

Tip

핀쿠션 위에 단추의 위치를 고정하고 싶다면
바느질을 하거나 글루건으로 부착하는 것이
좋다.

Bookmark

Home Deco 18
북마크

책과 함께 직접 만든 북마크도 선물하면 어떨까요. 자석으로 편리함을 더한 단추 북마크는 너무나 유용하게 사용되고 있답니다. 쉽고 간단하게 완성할 수 있어서 누구나 만드는 즐거움을 느낄 수 있는 실용적인 아이템입니다.

How to make ---------------------------

재료 2.2cm 갈색 단추 2개, 흰색 두꺼운 종이 · 플라워 패턴 마스킹테이프(자주색 · 풀색) · 롤 자석 적당량씩, 와인색 실 약간, 가위, 글루건

1 종이를 3×17cm, 3×19cm 2가지로 자른 다음 반으로 접는다.

2 2가지 종이의 앞면에 각각 색이 다른 마스킹테이프를 붙인다. 안쪽에도 테이프를 붙인다.

3 사방 2cm 크기로 롤 자석을 4개 잘라 안쪽의 양끝에 2개씩 부착한다. 한쪽에는 마스킹테이프를 붙여 자석을 덮는다.

4 단춧구멍에 와인색 실로 □모양으로 연결한 뒤 매듭짓고 글루건으로 앞면의 하단 부분에 붙인다.

Tip
종이의 뒷면에 서로 다른 컬러의 마스킹테이프를 붙이면 단조롭지 않게 마무리할 수 있다.

1

3

2

4

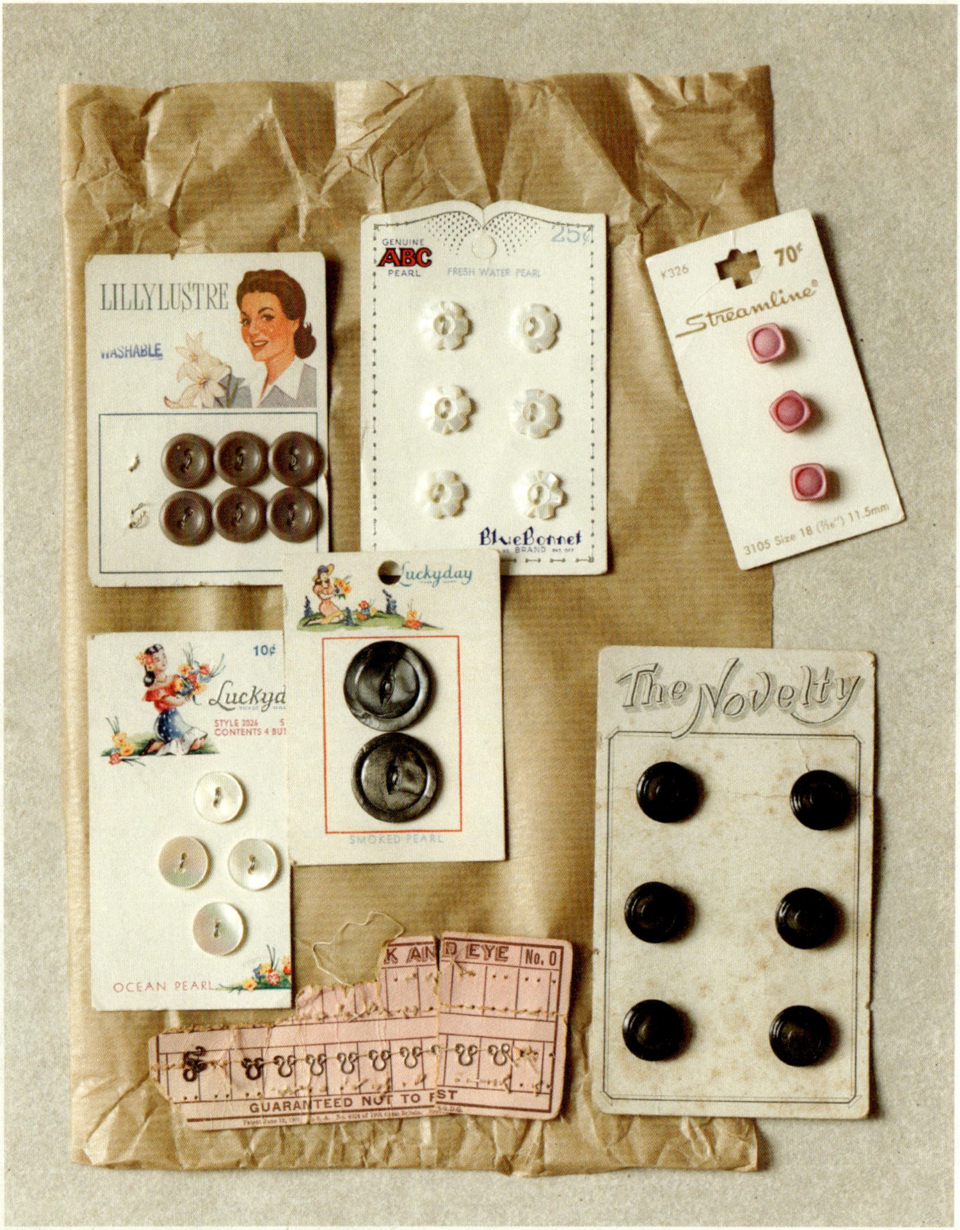

LILLYLUSTRE
WASHABLE

GENUINE
ABC
PEARL
FRESH WATER PEARL
25¢

BlueBonnet
BRAND

K326
70¢
Streamline®
3105 Size 1B (¹⁵⁄₃₂") 11.5mm

10¢
Luckyd
STYLE 2024
CONTENTS 4 BUT

Luckyday

OCEAN PEARL

SMOKED PEARL

The Novelty

K AND EYE No. 0

GUARANTEED NUT TO RST

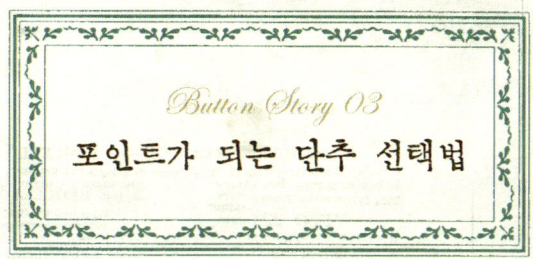

포인트가 되는 단추 선택법

주로 옷과 바느질에 관련된 부자재로 사용되었던 단추는 최근 장식적인 측면이 더 부각되고 있습니다. 단추를 인테리어 장식에 활용하기도 하며, 그 자체로 소품을 만들거나 그림을 그리는 작가들도 등장했습니다. 단추는 어떤 것에나 달 수 있기 때문에 사실 장식 재료로 더없이 좋은 소재이지요. 둥근 모양뿐 아니라 사각, 꽃 등 화려한 프레임의 단추를 활용하면 독특한 장식 효과를 얻을 수 있습니다.

또한 단추는 생활 소품으로 활용하기에 좋은 소재이기도 합니다. 단추 자체를 모티브로 꽃을 만들거나 냅킨 링, 와인 참 등의 다양한 생활 소품도 간단하게 만들 수 있는 것 중 하나입니다. 쉽게는 액자, 꽃병, 화분, 그릇과 같은 작은 소품에 장식해 보는 것으로 먼저 시작할 수 있지요.

단추를 장식에 사용할 때는 부재료와 단추의 소재가 서로 잘 어울리는지를 먼저 체크하는 것이 중요합니다. 내추럴한 나무 액자에 금속 단추를 달거나 종이 소품에 금속을 다는 것은 어색하기 때문입니다. 천연 소재는 천연 소재끼리, 인공적인 것은 인공적인 소재끼리 사용하는 것이 무난합니다.

단추로 포인트를 주고 싶을 때는 컬러 선택도 중요합니다. 밋밋한 소품에는 비비드한 컬러의 단추를 달고, 복잡한 패턴에는 단조로운 컬러의 단추를 다는 것도 방법입니다. 다소 독특한 디자인을 사용하는 것도 포인트를 주기 좋습니다. 오래된 빈티지나 앤티크 단추는 클래식한 느낌을 더해 주며 화려한 패턴의 단추는 트렌디한 느낌을 줍니다. 이런 단추는 1~2개만 달면 포인트가 됩니다.

단추를 옷에 달 것이 아니라면 구멍형보다는 고리나 터널형의 단추를 추천합니다. 포인트가 될 수 있도록 단추끼리 겹쳐 달거나 여러 개를 달아 화려한 느낌을 주는 것도 좋습니다.

clutch bag

pouch

glove

slipper

hat

belt

converse

eco bag

warmer

skirt

sleeveless

best

t-shirts

cardigan

shirts

one piece

Style

스타일리시한 옷과 패션 소품
리폼 아이디어

Style 01
클러치 백

스타일리시한 룩으로 마무리할 때 필수 아이템인 클러치 백. 클러치 백이 밋밋
하다면 단추 장식을 더해 주세요. 클러치 백처럼 살짝 은은한 광택이 도는 단추
를 선택해 통일성을 주었어요.

How to make -

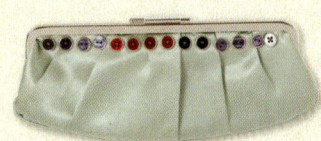

재료 1cm 구멍 단추(파랑 · 자주 · 빨강) 14개,
연두색 클러치 백 1개, 풀색 실 약간, 가위, 바늘

1 클러치 백의 상단 왼쪽부터 단추를 풀색 실로 달
   아 준다.
2 파랑–자주–빨강–파랑의 순으로 단추를 3mm 정도
   여백을 주고 연이어 단다.

 Tip

같은 컬러의 단추를 2~4개씩 모아서 달아 준
다. 2구멍 단추는 일자로, 4구멍 단추는 ×자
로 실을 끼우면 단조롭지 않다.

Clutch Bag

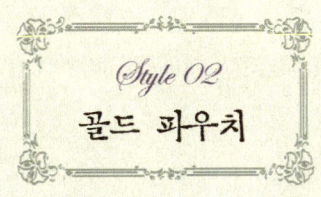

Style 02
골드 파우치

밋밋한 가죽과 패턴에서 벗어나 남들과는 조금 다른 파우치를 들고 싶다면 단추 리폼을 권합니다. 골드 컬러의 금속 단추와 3가지 진주 장식으로 마무리한 단추를 모서리에 달아 주었더니 흔히 볼 수 없는 스타일이 완성되었답니다. 손잡이에도 단추로 장식했더니 여닫기도 더욱 편리해졌어요.

How to make

재료 1.7cm 진주 장식 단추 4개,
1.5cm 금색 단추 4개, 군번 줄 적당량, 군번 캡 1개,
베이지색 실 약간, 파우치 1개, 가위, 바늘, 니퍼

1 군번 줄을 니퍼로 12cm 길이로 자른 뒤 진주 장식 단추를 끼운다.
2 파우치 고리에 군번 줄을 끼우고 군번 캡으로 연결한다.
3 파우치의 모서리에 진주 단추를 1개 단 다음 연이어 2개를 더 달아서 삼각형 모양을 만든다.
4 진주 단추 옆에 금색 단추를 일렬로 4개 단다.

Tip
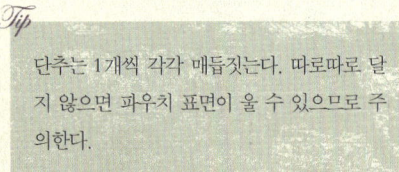
단추는 1개씩 각각 매듭짓는다. 따로따로 달지 않으면 파우치 표면이 울 수 있으므로 주의한다.

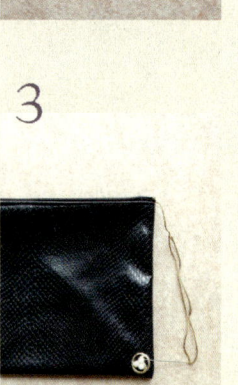

Pouch

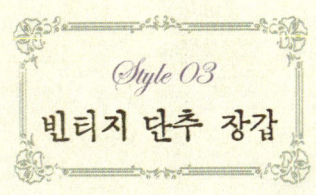

Style 03
빈티지 단추 장갑

어떤 옷에나 잘 어울리고 따뜻해 겨울이면 매일 챙기는 것이 바로 이 벨벳 장갑이에요. 그런데 퍼나 수트 같은 아이템으로 멋을 부릴 때는 조금 단조롭게 느껴졌죠. 그래서 아껴 두었던 화려한 보석 단추를 밑단에 달아 주었더니 분위기가 너무나 달라졌어요. 올 겨울에도 함께 할 친구, 단추 몇 개로 더욱 사랑스럽게 만들어 주세요.

How to make --------------------------------------

재료 2.7cm 보석 장식 단추 2개,
1cm 금색 고리 단추 4개, 벨벳 장갑 1세트,
검은색 실 약간, 가위, 바늘

1 검은색 실로 장갑 중앙에 보석 장식 단추를 단다.
2 보석 단추 양옆으로 골드 단추를 1개씩 단다.

금속으로 만든 단추는 무거우므로 고정시킬 때 3~4번 정도 고리에 감아 튼튼하게 단다.

Glove

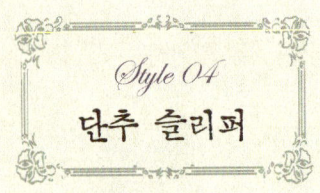

Style 04
단추 슬리퍼

얼마 전부터 블링블링한 구슬을 잔뜩 단 슬리퍼와 조리가 유행을 하기 시작했
죠. 하지만 과한 구슬 장식이 조금 부담스러워 선뜻 손이 가지는 않았죠. 부담
스럽지 않으면서 트렌디한 느낌을 줄 수 있는 장식을 제안합니다. 2가지 컬러
톤의 단추 몇 개를 끈에 달고 중심에 큰 플라워 단추를 하나 더 달면 발이 예뻐
보이는 효과까지 줄 수 있습니다.

How to make ----------------------------

재료 3cm 꽃모양 단추 2개, 1.3cm 구슬 단추 4개,
1.6cm 노란색 단추 2개, 초록색 조개 단추 2개,
1.3cm 초록색 구멍 단추 2개, 노란색 조리 1세트,
풀색 실 약간, 바늘, 가위

1 끈의 한쪽 면에 풀색 실로 초록색 구멍 단추를 단 뒤
   조개 단추를 살짝 올려서 비스듬하게 단다.

2 조개 단추의 측면에 노란색 단추를 단다.

3 조금씩 측면으로 올라가며 노란색 단추와 구슬 단
   추를 번갈아 단다.

4 끈이 모여지는 중앙 부분에 꽃모양 단추를 단다.

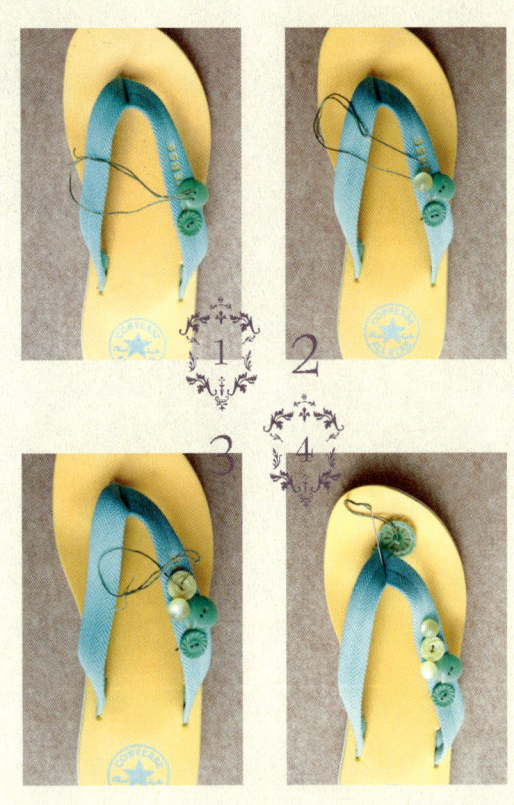

Tip

단추 5개를 1줄의 실로 함께 단 뒤 마지막에 같
이 매듭을 지어야 튼튼하게 고정되고, 발에 닿
는 감촉도 편하다.

Slipper

Style 05
모자

챙 넓은 모자에 리본이나 패브릭 대신 단추를 달면 휴양지에서도 과하지 않고
은은하게 돋보이는 스타일리시한 아이템이 됩니다. 작은 단추 하나가 달린 소
소한 리폼이지만 남들과는 조금 다른 스타일로 완성할 수 있습니다. 단색 단추
에 그림을 그려 흔히 볼 수 없는 단추를 만들어 달아도 좋습니다.

How to make -------------------------

재료 3cm 꽃무늬 나무 단추 1개, 모자 1개,
검은색 토손 레이스 65cm, 검은색 실 약간, 바늘,
가위

1 토손 레이스를 모자 둘레에 대고 검은색 실로 4cm
   간격으로 1땀 바느질해 고정한다.
2 모자의 측면 중앙 부분에 꽃무늬 나무 단추를 대고
   검은색 실로 단춧구멍에 X자 모양으로 부착한다.

Tip

레이스를 조금 더 단단하게 달려면 글루건
으로 레이스를 붙인 뒤 군데군데 바느질해
도 좋다.

1
2

Hat

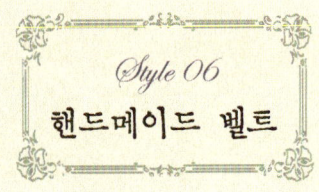

Style 06
핸드메이드 벨트

How to make

재료 2.3cm 구멍 단추 3개, 2.5cm
머스터드 웨이빙 90cm, 3.5cm O링 2개, 풀색 실 약간,
바늘, 가위

1 O링 2개를 웨이빙의 끝부분으로 감싼 뒤 안쪽 끝단
   을 실로 박음질한다.

2 반대쪽 끝단도 안으로 살짝 접어서 박음질해 끝부
   분이 풀리지 않게 마감한다.

3 2의 끝을 자신에 맞는 허리 사이즈로 잰 뒤 O링 중
   1개에 끼워서 벨트 모양으로 만든다.

4 벨트를 여미기 전 안쪽에 단추 1개와 반대편 여밈
   부분의 끈에 단추 2개를 풀색 실로 단다.

 Tip

바느질을 하지 않고 끼워서 연결하는 벨트 스
타일로 O링이나 D링을 이용해서 쉽게 만들
수 있다. 벨트의 고리가 움직일 수 있게 바느
질을 할 때 링으로부터 1cm 정도 여유를 갖고
바느질하는 것이 좋다.

1

2
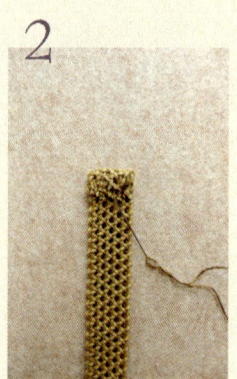

3

4

Belt

성글게 짠 내추럴한 느낌의 웨이빙과 금속 장식의 단추로 나만의 벨트를 집에서 쉽게 만들어 보세요. 웨이빙의 끝단을 바느질하고 단추만 조르르 달면 손쉽게 완성됩니다. 저렴한 가격으로 쉽게 만들 수 있는데다 원피스, 티셔츠, 셔츠 등 어디에나 어울리는 완소 아이템입니다.

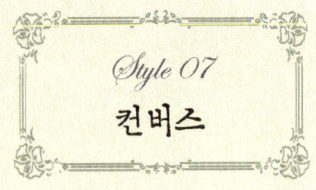

Style 07
컨버스

아이를 위한 컨버스 스타일이에요. 귀여운 그림의 단추를 몇 개 다는 것만으로 전혀 다른 신발로 꾸밀 수 있어요. 직접 그린 싸개 단추와 모양 단추로 장식하고, 모양 단추와 꼭 같은 그림으로 싸개 단추를 만들었어요. 원하는 그림을 아이와 함께 패브릭 펜으로 그린 뒤 단추를 만들어 신발에 달아도 좋아요. 직접 그림을 그려서 만드는 단추는 색다른 즐거움을 줍니다.

How to make -------------------------

재료 2cm 싸개 단추 2개, 1.6cm 싸개 단추 2개,
1.6cm 컵 아이스크림 단추 2개,
2.2cm 콘 아이스크림 단추 1개,
아이보리 린넨 천 적당량, 컨버스 슈즈,
싸개 단추 몰드, 살구색 실 약간, 바늘, 가위,
패브릭 컬러 펜

1 린넨 천을 싸개 단추 몰드에 들어 있는 원형 도안
대로 재단한 뒤 패브릭 컬러 펜으로 그림을 그린
다. 단추와 같이 아이스크림 컵과 콘 모양을 그린
뒤 색을 칠한다.

2 몰드를 이용해 1의 천으로 크기가 다른 싸개 단추
2종을 만든다(p.022 만드는 법 참고).

3 살구색 실로 상단에 각기 다른 아이스크림 모양의
싸개 단추를 2개 단다.

4 3과 엇갈리는 위치에 살구색 실로 아이스크림 단
추를 단다. 나머지 컨버스에도 같은 방법으로 단
추를 단다.

Tip

컨버스 위에 패브릭 펜으로 그림을 그린 뒤 천
을 덮어 다림질하면 물에 빨아도 번지거나 쉽
게 지워지지 않는다.

Converse

Scandinavia style
matchbox label

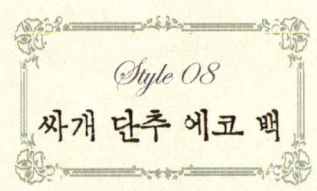

Style 08
싸개 단추 에코 백

사은품으로 받은 백은 누구나 집에 1~2개쯤 가지고 있지요. 로고가 박혀 있거나 촌스러워서 그냥 들기는 다소 꺼려집니다. 패브릭 천으로 만든 싸개 단추를 달아 스타일을 새롭게 변화시켰습니다. 단추만 달았을 뿐인데 전혀 다른 스타일로 변화되는 것이 참 놀라워요.

How to make

재료 2.9cm 싸개 단추 2개, 2.5cm 싸개 단추 3개, 2cm 싸개 단추 5개, 면 패턴 천(딸기·체크·꽃무늬·도트·스트라이프) 약간씩, 핑크색 실 약간, 에코 백 1개, 바늘, 가위, 기화성 펜, 싸개 단추 몰드

1 싸개 단추 몰드에 있는 원형 도안을 천에 대고 싸개 단추 수만큼 기화성 펜으로 그려 가위로 재단한다.

2 1의 천을 몰드를 이용해 싸개 단추를 만든다(p.022 만드는 법 참고).

3 핑크색 실로 가방 상단에 2.5cm 싸개 단추를 단 다음 높이를 달리해 2cm 싸개 단추를 에코 백에 단다. 2.9cm 싸개 단추도 차이를 두어 단다.

4 큰 것과 작은 것을 번갈아 가면서 가방에 실로 싸개 단추를 단다.

Tip

손 몰드로 단추를 만들면 단추와 천의 연결 부분이 떨어지기 쉽지만, 싸개 단추 고리 안쪽을 본드를 살짝 발라 주면 튼튼하게 부착할 수 있다.

Eco Bag

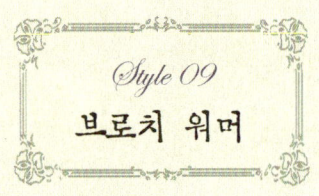

Style 09
브로치 워머

워머는 이제 겨울 시즌의 스테디 아이템이 되었지요. 단추 장식만으로 스타일을 업그레이드 시킬 수 있는 방법을 소개합니다. 브로치 단추를 단 워머는 단연 돋보입니다. 러블리한 단추 장식은 워머뿐 아니라 어디에 달아도 좋습니다.

How to make

재료 5cm 나무 단추 1개, 3.5cm 원형 단추 1개, 1.4cm 초록색 단추 2개, 1.5cm 파란색 단추 1개, 1.4cm 꽃무늬 단추 1개, 1.4cm 보석 장식 단추 1개, 1.3cm 베이지색 장식 단추 1개, 1.1cm 노란색 단추 2개, 5cm 연두색 토숀 레이스, 4.5cm 초록색 토숀 레이스, 브로치 핀대 2개, 핑크색 실 약간씩, 워머 1개, 가위, 바늘, 글루건

1 3.5cm 원형 단추의 구멍에 초록색, 꽃무늬, 베이지색, 노란색 단추를 실로 연결한다.

2 나무 단추에 초록색, 파란색, 노란색, 보석 단추를 실로 단다.

3 단추의 뒷면에 브로치 핀 대를 글루건으로 붙인다.

4 원형 단추의 뒷면에 연두색, 초록색 토숀 레이스를 글루건으로 붙인다.

Tip

메트와 코팅, 커팅 장식과 패턴, 자개, 보석 장식 등 다양한 질감이나 광택이 다른 단추를 서로 믹스해 주면 더 예쁘다.

1 2

3 4

Warmer

Style 10
진 스커트

청동, 골드, 진주, 블랙 보석 장식… 빈티지한 단추를 스커트에 장식했습니다.
화려한 소재는 베이식한 아이템에 더 잘 어울리죠. 빈티지 단추를 주머니 부분
에만 다소 과장되게 장식하는 것이 포인트입니다.

before

How to make

재료 3.2cm 청동 구멍 원형 단추 2개,
2.2cm 일자 구멍 장식 원형 단추 4개,
2.8cm 꽃무늬 장식 골드 단추 1개,
2cm 진주 장식 골드 프레임 단추 4개,
2cm 포도 모양 골드 단추 2개,
1.8cm 검정 보석 장식 단추 4개,
2cm 금색 단추(꽃모양·꽃모양 구멍·원형 구멍·
원형 볼륨) 4개, 2.3cm 녹색 장식 단추 1개,
1.1cm 사각 구멍 금색 단추 3개,
2.4cm 청동 문양 장식 단추 1개,
1.3cm 원형 볼륨 단추 3개,
1.5cm 원형 장식 단추(시계 꽃 장식) 2개,
풀색 실 약간, 진 스커트, 바늘, 가위

1 주머니 부분에 풀색 실로 일자 구멍 단추를 단다.
2 서로 조화가 되도록 작은 단추와 큰 단추를 번갈
  아 달아 준다.

Tip

여백이 보이지 않도록 빽빽하게 달아 주는 것이 포인
트. 골드와 청동, 크기와 모양이 겹치지 않도록 번갈아
가며 단추를 따로따로 단다.

1

2

Jean Skirt

Sleeveless

Skirt

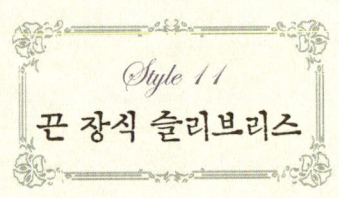

Style 11
끈 장식 슬리브리스

어깨 끈 부분에 단추를 조르르 달았더니 평범했던 슬리브리스가 에지있는 아이템으로 변신했어요. 여름에는 슬리브리스를 2벌씩 겹쳐 입기도 하고 다양한 끈으로 포인트를 주기도 하죠. 보석이나 비즈 대신 같은 모양의 단추를 달아 주면 더욱 색다른 스타일이 완성됩니다.

before

How to make --

재료 1.3cm 검정 꽃모양 단추 10개, 검은색 실 약간, 핑크 슬리브리스, 바늘, 가위

1 검은색 실로 한쪽 끈 부분에 단추를 일렬로 단다.
2 매듭을 하나씩 짓지 말고 5개의 단추를 하나의 실로 이어 달아 뒤에서 봤을 때 깨끗하게 마무리 되도록 한다.
3 반대쪽 끈에도 단추를 5개 같은 방법으로 단다.

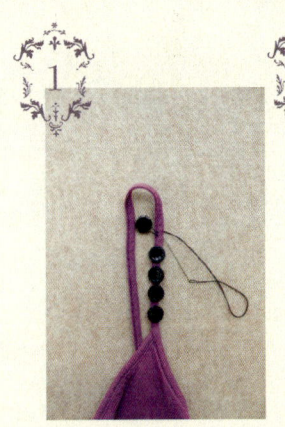

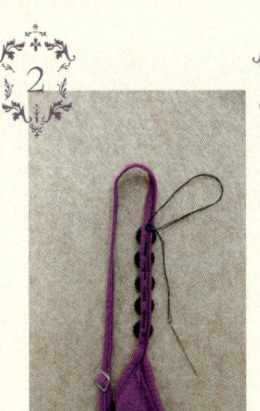

Tip

단추는 5m 정도 간격을 두고 다는 것이 좋다. 너무 빡빡하면 뭉쳐 보이고 간격이 넓으면 듬성듬성해 보여서 예쁘지 않다.

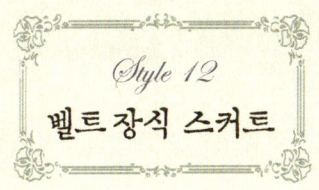

Style 12
벨트 장식 스커트

샤 스커트는 풍성하고 여성스러워 아이나 엄마 모두 잘 어울리는 아이템이에요. 이 스커트는 밴드가 보이게 입는 것이 멋스러운데 시중에 판매하는 밴딩 스커트는 단조로운 색의 밴드로 마무리되어서 예쁘지 않았어요. 큰 단추로 포인트를 주는 것도 좋지만 이렇게 밴드 부분에 단추를 전체적으로 달아 주면 더욱 페미닌해집니다.

before

How to make

재료 2.8cm 노란색 구멍 단추 2개, 2.1cm 노란색 단추 1개, 1.9cm 노란색 고리 단추 2개, 1.8cm 노란색 고리 단추 5개, 8mm 연두색·노란색 투톤 고리 단추 5개, 풀색 실 약간, 샤 스커트, 바늘, 가위

1 스커트의 밴드 사이드 부분 중앙에 노란색 투톤 고리 단추를 단 뒤 노란색 단추를 단다.

2 연두색과 노란색이 조화를 이루도록 번갈아가며 단다.

3 1, 2와 같은 방법으로 나머지 단추를 크기와 색이 조금씩 다른 것끼리 3~4개씩 붙여서 단다.

Tip

단추는 일정하게 달지 않고 일렬, 삼각 모양, 물결 모양이 되도록 단추를 3~4개씩 모아서 달아 준다. 한 그룹끼리 간격을 조금씩 벌려 모양을 만들어 주는 것이 예쁘다.

Style 13
베스트

단추만 바꾸어 달아도 옷의 표정이 달라집니다. 기본 아이템인 베스트는 대부분 같은 컬러의 밋밋한 단추가 달려 있는 경우가 많아요. 지루하지 않은 룩을 연출하고 싶다면 조금 더 에지있는 아이템이 필요해요. 기존의 단추를 모두 떼어낸 뒤 삼각 원형 기둥 모양의 멋스러운 나무 단추를 달았더니 조금 더 드레시한 느낌을 줄 수 있는 아이템으로 완성되었어요.

before

How to make --

재료 1.6cm 원형 나무 단추 6개, 검은색 베스트, 검은색 실 약간, 바늘, 가위

1 원래 달려 있던 밋밋한 단추를 뗀 뒤 나무 단추와 실을 바늘에 꿴다.
2 검은색 실로 원래 단추가 달려 있던 위치에 단추를 단다.
3 원래 단추가 달려있지 않았던 주머니 장식 부분에도 양쪽에 하나씩 검은색 실로 단추를 단다.

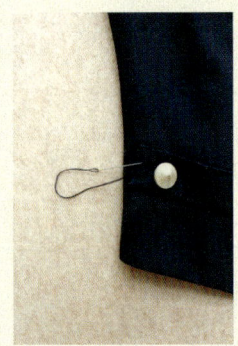

Tip

단추를 바꿔 달 때는 단추가 단춧구멍에 충분히 들어가는 사이즈인지부터 확인한다. 단추가 너무 작으면 구멍으로 빠져나오고 크면 채워지지 않는다.

Vest

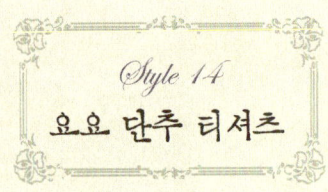

Style 14
요요 단추 티셔츠

How to make -

재료 2cm 원형 단추(연보라 · 보라색) 2개,
2.8cm 핑크색 체크무늬 단추 1개,
핑크색 · 아이보리색 꽃무늬 천 사방 15cm씩,
핑크색 실 약간씩, 바늘, 가위

1 핑크색과 아이보리색 꽃무늬 천에 12.5cm 원형을 그린 뒤 가위로 자른다.

2 3mm 정도 내려온 지점에서 핑크색 실로 홈질한다.

3 2의 실을 잡아당겨 둥글게 모양을 잡아준 다음 매듭짓는다.

4 티셔츠에 핑크색 요요를 대고 보라색 단추를 올려서 실로 단추를 단다.

5 4의 요요와 조금 겹쳐서 살짝 밑 부분에 아이보리색 요요를 대고 연보라색 단추를 덧단다.

6 2가지 요요의 바로 옆에 핑크색 체크무늬 단추를 단다.

Tip

요요의 모양을 잡을 때 홈질한 실의 처음과 끝은 모두 같은 방향을 향해야 한다. 패턴이 있는 부분에서 시작하고 빠져야 패턴이 있는 면이 밖을 향하게 된다.

T-Shirts

귀여운 요요와 단추는 서로 궁합이 잘 맞아요. 단조로운 디자인의 티셔츠에 달았더
니 코르사주를 달아 준 것처럼 화사해졌어요. 러블리한 느낌이 아이 티셔츠도 잘
어울리죠. 작은 요요는 만들어 두면 여기저기 쓸모가 많아요. 인테리어 소품은 물
론 브로치나 헤어 핀으로도 활용하기 좋습니다.

Style 15
카디건

카디건의 여밈 부분에 미니 단추를 달아서 밋밋함을 커버했어요. 강렬한 원색 단추를 달면 더욱 색다른 느낌을 줄 수 있어요. 여백이 남지 않도록 작은 단추를 많이 달아 주는 게 포인트예요.

before

How to make --------------------

재료 5mm 파란색 단추 22개, 5mm 빨간색 단추 22개, 흰색 실 약간, 바늘, 가위

1 흰색 실로 파란색 단추를 오른쪽 여밈부분의 상 단에 단다.

2 3mm 간격으로 네크라인을 따라 나머지 파란색 단추를 단다.

3 흰색 실로 빨간색 단추를 왼쪽 여밈 부분에 단다.

4 같은 방법으로 빨간색 단추를 단다.

 Tip

왼쪽과 오른쪽을 서로 다른 컬러 단추로 달면 유니크한 느낌을 줄 수 있다.

Cardigan

Shirts

One Piece

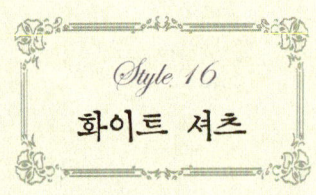

Style 16
화이트 셔츠

클래식한 아이템인 화이트 셔츠가 지루하게 느껴지는 날, 컬러풀한 단추를 달아 보았어요. 색과 모양이 다른 단추를 믹스해서 주머니 부분에만 달았더니 밋밋한 셔츠가 감성적으로 바뀌었어요. 단추의 위치를 위아래로 조금씩 조절해 가면서 달아 높낮이가 다르게 보이게 연출해 주세요.

before

How to make

재료 1.8cm 패턴 장식 단추(파란색·핑크색·빨간색) 3개, 2.1cm 패턴 장식 단추(아이보리색·하늘색) 2개, 흰색 실 약간, 화이트 셔츠, 바늘, 가위

1 원래 셔츠 양쪽 주머니에 달려 있던 단추를 떼어 낸다.

2 왼쪽 주머니의 우측부터 사이즈와 모양이 조금씩 다른 빨간색, 아이보리색, 핑크색 단추를 흰색 실로 단다.

3 오른쪽 주머니에 하늘색 단추를 단춧구멍 중앙에 단 다음 우측에 파란색 단추를 단다.

Tip

앞섶의 단추를 모두 떼어 내고 컬러풀한 단추를 달면 자칫 촌스러워질 수 있으므로 셔츠와 같은 컬러의 단추는 그대로 두고 주머니에 달린 단추만 교체한다.

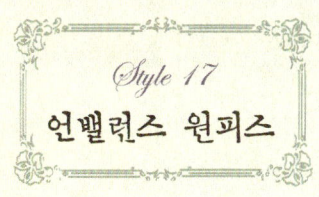

Style 17
언밸런스 원피스

심플한 기본 A라인 원피스는 가장 무난한 디자인이죠. 여기에 단추 장식을 했
더니 특별한 날에도 입을 수 있는 디자인의 옷이 되었어요. 왼쪽 어깨 부분에
화려한 단추를 달아 언밸런스한 느낌을 한껏 즐겨 보세요.

before

How to make ------------------------

재료 2.3cm 보석 장식 단추 2개,
1.8cm 원형 고리 단추 4개, 1.8cm 꽃모양 단추 3개,
1.6cm 흰색 원형 단추 9개,
1.3cm 흰색 원형 단추 1개, 8mm 흰색 원형 단추 1개,
파란색 실 약간, 파란색 원피스, 바늘, 가위

1 왼쪽 어깨 상단 부분에 보석 장식 단추를 파란색
   실로 단다.

2 작은 단추와 큰 단추를 번갈아서 아래로 자연스럽
   게 내려 가면서 단추를 단다.

3 중간중간 꽃모양 단추를 달아 포인트를 준다.

4 단추를 여러 개 모아서 달아서 큰 것과 작은 단추
   가 고루 섞이도록 단다.

Tip

화려한 컬러의 단추를 믹스하는 것보다 단
추의 컬러를 통일하고 모양이나 사이즈가 다
른 단추를 선택하는 것이 더 세련되어 보이
는 방법.

1

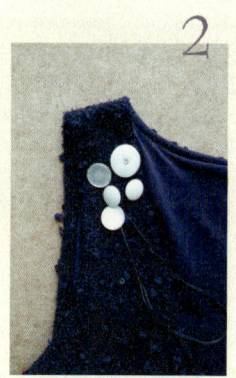

2

3

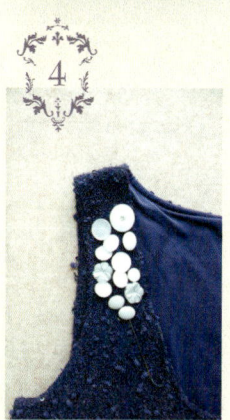

4

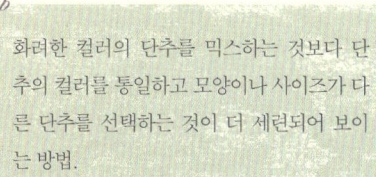

style 169

Style 18
캡소매 니트

옷의 디자인이 단조로울 때 시도하기 좋은 방법입니다. 소매 부분에만 단추 장식으로 포인트를 주어서 여성스러운 느낌을 더욱 강조했어요. 작은 단추를 많이 달아서 소매를 풍성하게 해 주는 것이 좋습니다. 페미닌한 스타일에 잘 어울리는 리폼입니다.

before

How to make -------------------

재료 9mm 야자 구멍 단추 10개,
9mm 갈색 나무 구멍 단추 10개, 연두색 실 약간,
바늘, 가위

1 소매 상단 부분부터 야자 단추를 연두색 실로 X자로 구멍을 연결해 달아준다.

2 다시 연두색 실을 이용해 사선으로 브라운 단추를 단다.

3 단추를 하나씩 번갈아 가며 서로 직선의 방향으로 단추를 단다. 5개씩, 한쪽에 총 10개의 단추를 단다. 반대쪽도 같은 방법으로 단다.

Tip

단추가 일렬로 달리지 않고 사선으로 보이도록 단다. 단추의 크기는 일정하게 통일해 산만해 보이지 않도록 한다.

Knit

네크라인 장식 슬리브리스

여름에 가장 자주 입는 아이템인 단색 슬리브리스. 마치 사탕처럼 귀여운 컬러
풀한 단추와 토숀 레이스를 더해 비비드한 캔디룩으로 연출했어요. 슬리브리스
마다 다른 단추 컬러로 장식해 두면 여름 내내 다양하게 입을 수 있어요.

before

How to make

재료 2.3cm 초록색 원형 구멍 단추 2개,
1.8cm 연두색 꽃모양 단추 3개,
초록색 토숀 레이스 60cm, 흰색 실 약간,
화이트 슬리브리스, 바늘, 가위

1 초록색 레이스를 네크라인에 두른 뒤 끝을 흰색 실
   로 1땀 바느질해서 부착한다. 늘어지지 않도록 4cm
   정도로 군데군데 부착해 준다.
2 레이스 중앙 부분에 연두색 꽃모양 단추를 실로
   단다.
3 꽃모양 단추의 양쪽에 초록색 단추를 1개씩 단다.
4 초록색 단추의 양옆에 꽃모양 단추를 1개씩 단다.

Tip

모양이 다른 2가지 단추를 믹스해서 사용하는
것이 좋다. 모양을 통일하고 컬러가 다른 단추
를 사용하는 것도 보다 개성있는 리폼 방법.

Sleeveless

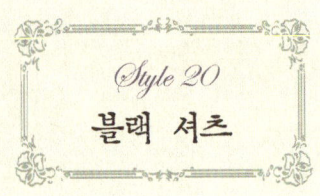

Style 20
블랙 셔츠

네크라인에 단추를 달면 조금 독특한 스타일이 완성됩니다. 패션쇼나 스타일리스트가 제작한 연예인들의 의상에서 때때로 찾아볼 수 있는 스타일이에요. 매트한 금속 느낌이나 보석처럼 반짝이는 화려한 단추를 선택해서 간격을 좁혀달아 시선이 모이게 하는 것이 더 예뻐요. 무난한 디자인의 셔츠나 블라우스를 반짝임을 주는 스타일로 바꿀 수 있습니다.

before

How to make ----------------------

재료 1cm 핑크 보석 장식 단추 12개,
검은색 실 약간, 검은색 셔츠, 바늘, 가위

1 칼라 하단에 검은색 실로 단추를 단다.
2 매듭을 지은 뒤 사선으로 올라가면서 다시 단추를 단다.
3 일정한 간격을 유지하면서 총 6개의 단추를 단다.
4 같은 방법으로 반대편 칼라에도 6개의 단추를 단다.

Tip

블라우스나 셔츠의 경우 소재가 얇거나 힘이 없는 경우가 많으므로 네크라인에 단추를 달 때는 크기가 작고 무겁지 않은 단추를 선택한다.

Shirts

요즘 들어 아이 옷을 비롯해 간단한 소품을 집에서 만드는 사람들이 늘고 있습니다. 이때 어떤 단추를 다느냐에 따라 완전히 다른 느낌이 되므로 단추도 신중하게 고르는 것이 좋습니다. 리폼할 때 옷과 제대로 맞지 않는 소재를 선택할 경우 어색해져 오히려 이전만 못한 경우가 많지요.

단추는 선택할 때는 컬러, 크기, 소재를 고려하는 것이 가장 기본입니다. 어떤 프레임을 갖고 있는지도 그에 못지않게 중요하지요. 컬러 선택의 경우 천과 대비되는 보색 단추를 고르면 다소 튀어 보여서 개성을 부각시키는 효과가 있습니다. 이때 화려한 느낌을 더해 주고 싶다면 레드, 오렌지, 옐로 등의 원색을 사용하는 것이 좋습니다. 하지만 패턴이 강한 천에는 오히려 차분한 단추의 컬러를 달거나 보색을 피해 같은 톤의 단추를 골라야 고급스러운 느낌을 줄 수 있습니다. 가장 무난하게 매치할 수 있는 단추 컬러는 블랙, 화이트, 그레이 등의 모노톤 계열과 네이비, 그린 등의 톤다운된 원색 계열로 어떤 옷에나 잘 어울리며 차분하고 안전한 느낌을 줍니다.

실크, 모직을 기본으로 한 고급 소재의 옷에 매치할 때는 컬러만큼이나 단추의 소재를 잘 골라야 합니다. 펄, 원석, 나무 등의 천연 소재나 금속 등으로 럭셔리하게 가공한 단추를 선택하는 것이 좋습니다. 니트와 같은 페미닌한 소재는 나무, 천으로 만든 단추 등으로 내추럴한 소재의 느낌을 잘 살려주는 것도 개성적이며 아크릴, 플라스틱 등으로 가볍고 튀는 느낌을 더해 주어도 감성적인 연출을 할 수 있지요. 또한 면, 린넨 등의 자연 친화적인 소재의 옷에는 나무, 패브릭 단추, 스냅 단추 등이 잘 어울립니다.

단추의 크기에 따라서도 분위기가 많이 달라집니다. 6mm 이하의 작은 단추는 귀여운 느낌을 주며 크기가 클수록 강조가 되어 보다 돋보이는 스타일이 완성됩니다. 일반적으로는 1~1.8cm 크기의 단추를 사용하는 것이 기본입니다.

단추의 프레임은 너무나 다양한데 패턴이 들어간 단추나 꽃이나 하트, 사각 등 약간의 변형을 준 프레임은 개성있는 룩을 표현하는 데 도움을 줍니다. 고급스러움을 더하고 싶다면 구멍 단추보다 터널, 고리 단추를 사용하는 경향이 있으므로 참고하세요.

cameo

bracelet

neckless

hair pin

ring

earring

chou chou

hair band

Accessory

단추로 만든
개성 만점 핸드메이드 액세서리

Cameo

Accessory 01
단추 카메오

보석이나 석고 장식 등을 달아 장식하는 카메오. 카메오 받침에 패브릭과 단추를 달아 앤티크한 느낌의 카메오를 완성했어요. 빈티지한 소품으로도 사용되는 카메오는 옷에 달아도 좋고 앤티크풍의 소품에 달아도 멋스러워요. 서로 다른 단추를 적절히 믹스해 주는 것이 포인트입니다.

How to make ------------------------

재료 2cm 강아지 단추 1개, 5mm 미니 단추 2개, 1.2cm 구멍 단추 1개, 8mm 구멍 단추 1개, 신주 카메오 받침 2개, 일자 브로치 핀 2개, 꽃무늬 천(흰색, 파란색) · 초록색 실 · 흰색 실 약간씩, E6000, 가위

1 미니 단추와 강아지 단추는 초록색 실, 나머지 단추는 흰색 실로 구멍에 끼워 매듭짓는다.

2 2가지 꽃무늬 천에 카메오의 내경 부분과 같은 사이즈로 재단한다.

3 E6000을 카메오 표면에 얇게 바르고 꽃무늬 천을 붙인 뒤 E6000으로 2의 단추를 붙인다.

4 카메오 뒷면에 일자 브로치 핀을 E6000을 발라 부착한다.

Tip

E6000은 꼬치에 조금만 덜어서 얇게 발라야 울퉁불퉁해지지 않는다. 접착한 뒤 움직이지 말고 하루 정도 그대로 두면 완전히 굳는다.

1

2

3

4

Bracelet

골드 체인과 단추를 이용해 럭셔리한 스타일의 팔찌를 만들었어요. 자석 스타
일의 클래습으로 마무리해 고급스러워요. 골드와 체크무늬 골드 단추를 서로 번
갈아 연결해 유니크한 느낌을 더했습니다. 수트나 셔츠와 같은 클래식한 옷과
매치하면 잘 어울리지요.

Accessory 02
골드 팔찌

How to make ------------------------------

재료 2.5cm 금색 고리 단추 · 2.5cm 체크무늬 금색 단추 2개씩, 5mm O링 9개, 금색 체인 32cm, 자석 클래습 1세트, 니퍼, 평 집게, 9자 집게

1 니퍼를 이용해 체인을 8cm 길이로 4줄 자른다.

2 평 집게를 이용해 체인 1줄과 O링을 금색 고리 단추에 연결한다.

3 O링으로 체크무늬 단추에 체인 1줄을 연결한다.

4 2와 3의 과정을 1번 더 반복한 다음 단추와 체인을 O링을 이용해 서로 연결한다.

5 단추와 체인을 모두 연결한 뒤 맨 끝의 체인 중심에 O링을 걸고 클래습과 연결한다.

6 다른 한쪽 끝에 단추와 O링, 클래습을 연결한다.

Tip
9자 집게와 평 집게를 이용해 O링을 벌리고 오므려 연결한다. 손가락에 끼고 O링을 열고 닫을 때 사용하는 O링 반지가 있다면 9자 집게를 사용하지 않아도 된다.

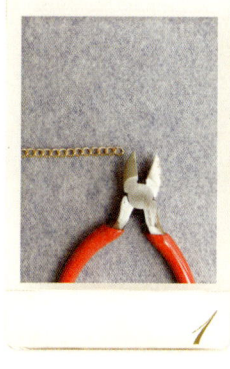
1

2

3

4

5

6

Neckless

Accessory 03
롱 목걸이

블링블링한 펜던트로 포인트를 준 롱 목걸이입니다. 컬러와 크기가 조금씩 다른 단추를 펜던트에 달았어요. 단추도 어떻게 활용하는지에 따라 원석 못지않은 세련된 느낌을 준답니다. 원피스나 티셔츠, 니트 소재의 옷 어디에나 잘 어울리는 웨어러블한 아이템이에요.

How to make

재료 8mm 파란색 터널 단추 2개,
1.2cm 흰색 터널 단추 1개, 1.1cm 파란색 고리 단추 1개,
1.4cm 흰색 패턴 단추 2개, 펜던트 1개,
신주 체인 70cm, 8mm 신주 O링 2개,
우레탄 줄 적당량, 가위, 평 집게, 9자 집게, 니퍼

1 니퍼로 체인을 자른 뒤 평 집게와 9자 집게로 O링을 연결해 원 모양으로 이어준다.

2 패턴 단추에 우레탄 줄을 끼워 펜던트의 구멍에 넣고 매듭짓는다.

3 같은 방법으로 나머지 단추를 모두 우레탄 줄에 끼워 단 뒤 뒷면에서 매듭짓는다.

4 O링으로 3의 펜던트와 체인을 서로 연결한다.

Tip

앞에서 봤을 때 펜던트의 꽃모양이 자연스럽도록 작은 단추와 큰 단추의 위치를 적절히 배치해 가며 연결하는 것이 포인트.

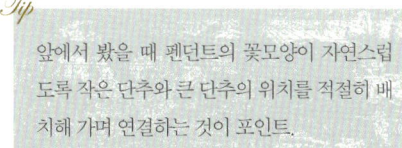

1

2

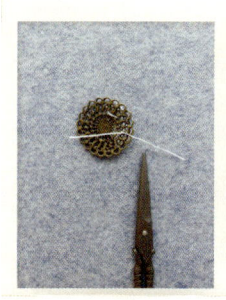

3

4

Neckless

Accessory 04
골드 진주 목걸이

진주와 골드의 믹스매치는 언제나 실패 없는 선택입니다. 골드 도금의 꽃무늬 프레임으로 마감된 진주 단추를 목걸이에 응용해 보았어요. 단추를 한쪽 체인의 사이드에만 달아서 더욱 독특한 느낌을 줍니다. 우아하고 클래식한 스타일로, 어떤 옷에나 잘 어울려서 두고두고 멋스럽게 착용할 수 있답니다.

How to make ----------------------

재료 1.2cm 진주 단추 3개, 40cm 금색 체인 1줄, 16cm 금색 체인 1줄, 라운드 스냅 클래습 1세트, 5mm O링 2개, 3mm O링 2개, 9핀 2개, 평 집게, 9자 집게

1 체인 40cm의 한쪽 끝을 평 집게를 이용해 5mm O링과 클래습으로 연결한다.

2 체인의 다른 한쪽은 3mm O링과 단추, 9핀의 순으로 연결한다. 9자 핀을 1.2cm 정도 남기고 자른 뒤 9자 집게로 끝을 둥글게 구부린다.

3 둥글게 구부린 2의 핀과 진주 단추를 연결한 뒤 그 단추와 남은 단추를 9핀으로 연결해 둥글게 구부린다. 3mm O링으로 16cm 체인과 연결한다.

4 16cm 체인의 다른 한쪽과 5mm O링을 연결한 뒤 클래습과 연결한다.

Tip

단추가 중심을 잘 잡으려면 9핀의 간격과 연결 방향이 일정해야 하므로 정확한 사이즈로 자르고 고리 모양으로 둥글게 말아서 연결한다.

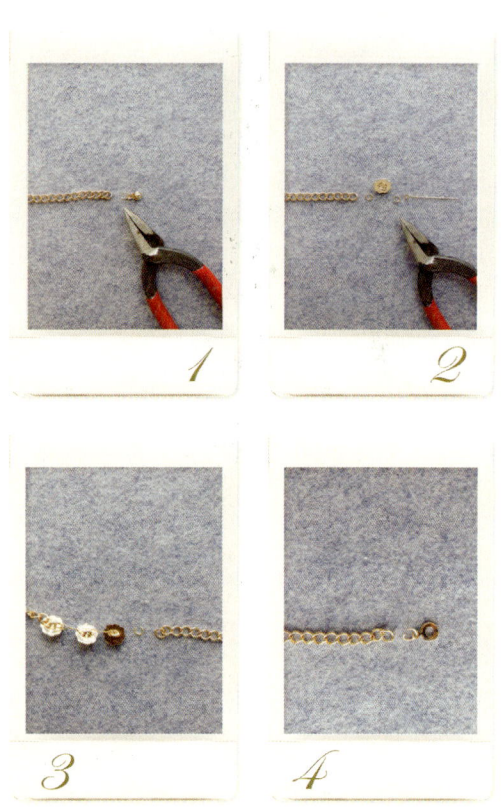

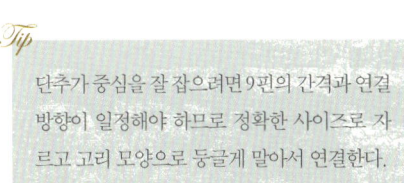

Neckless

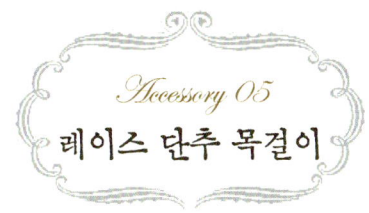

Accessory 05
레이스 단추 목걸이

레이스와 단추는 참으로 사랑스러운 조합입니다. 갈색과 남색 단추를 레이스에 달아 목걸이를 만들었어요. 여성스러운 레이스를 더한 목걸이는 내추럴한 스타일은 물론 캐주얼한 스타일에도 잘 어울려 별다른 스타일링을 하지 않아도 충분히 멋스러운 포인트가 됩니다. 가벼워서 부담없이 착용할 수 있어요.

How to make

재료 1cm 남색 · 갈색 큐빅 장식 단추 2개씩,
남색 토손 레이스 · 신주 체인 35cm씩,
레이스 캡 2개, 3mm 신주 O링 2개, 남색 실 약간,
바늘, 가위, 평 집게, 9자 집게

1 토손 레이스의 양 끝에 레이스 캡을 대고 평 집게로 눌러 고정한다.

2 체인과 레이스 캡을 O링으로 평 집게와 9자 집게로 서로 연결해 원형으로 만든다.

3 목걸이 중심에서 3cm 정도 올라온 지점에 남색 단추를 실로 레이스에 단다.

4 3과 대칭되는 자리에 갈색 단추를 실로 단다. 같은 방법으로 나머지 단추를 단다.

Tip

단추를 실로 달 때 매듭이 잘 눈에 띄지 않도록 레이스와 같은 컬러의 실을 선택하는 것이 좋다. 매듭도 최대한 작게 묶어서 눈에 띄지 않게 마무리한다.

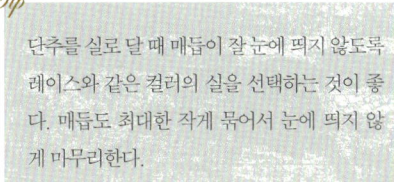

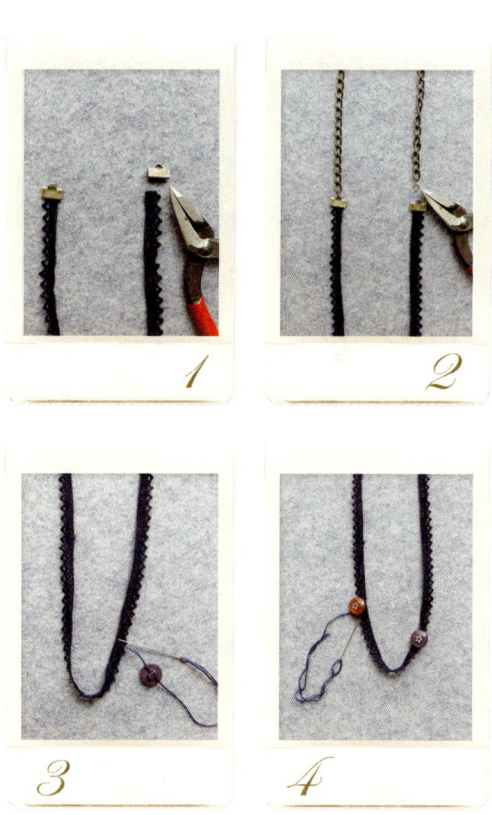

Hair Pin

Bracelet

빈티지 빗핀

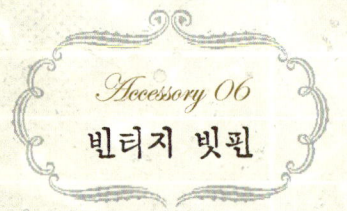

어렸을 적 엄마가 자주 사용하던 빗핀이 얼마 전부터 빈티지한 스타일로 변신해 다시 등장했어요. 빈티지한 빗핀에 같은 톤의 빛바랜 단추를 달아 주었더니 엄마가 쓰시던 그 옛날의 멋스러운 빗핀 느낌이 되살아났어요. 낡은 듯한 복고풍 빗핀은 생각보다 실용적입니다. 앞머리가 자주 흘러내릴 때 말끔하게 정리할 수 있고 머리숱이 많아도 사용할 수 있답니다.

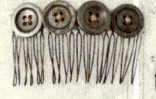
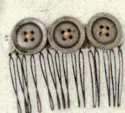

How to make ---------------------------

재료 1.3cm 금속 단추 7개,
5.5cm · 7cm 남색 빗핀 1개씩,
아이보리 토숀 레이스 30cm, 살구색 실 약간,
가위, 글루건

1 레이스는 빗핀 크기에 맞춰 2줄로 자른다.
2 글루건으로 레이스를 빗핀의 머리 부분에 부착한다.
3 단추를 살구색 실로 X자로 묶어서 매듭짓는다.
4 레이스 위에 단추를 글루건으로 붙인다.

Tip

은은한 느낌을 살리기 위해 너무 튀지 않는 색의 실로 단춧구멍을 연결한다. 빛바랜 금속 느낌과 살구색이나 연보라색과 같은 톤 다운된 파스텔 톤 실이 잘 어울린다.

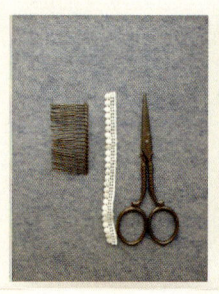

1

2

3

4

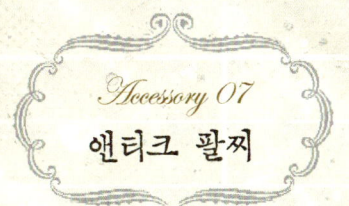

Accessory 07
앤티크 팔찌

앤티크 풍 단추를 달아서 앤티크하고 고풍스러운 분위기를 살려 보았어요. 독특한 모양과 금속 소재가 고풍스러운 느낌을 더해 줍니다. 청동의 컬러 단추와 스웨이드 소재라 따뜻한 느낌을 주어서 가을, 겨울 내내 즐겨 착용하는 아이템이 될 것 같아요. 같은 방법으로 목에 딱 붙는 목걸이를 만들어도 예뻐요.

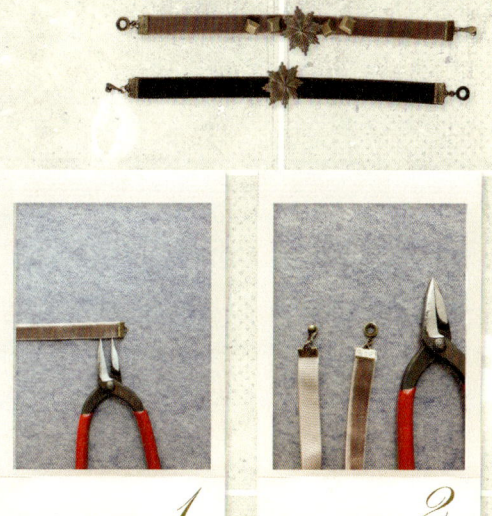

How to make --------------------------

재료 2.5cm 눈 모양 단추 1개,
6mm 청동 앤티크 단추 4개,
핑크빛 스웨이드 끈 15cm, 신주 레이스 캡 2개,
3mm 신주 O링 2개, 신주 라운드 스냅 클래습 1세트,
핑크색 실 약간, 평 집게, 9자 집게, 가위

1 스웨이드 끈의 양끝에 레이스 캡을 대고 평 집게로 눌러서 고정한다.

2 레이스 캡에 O링을 연결한 뒤 평 집게와 9자 집게를 연결해 O링과 클래습을 연결한다. 다른 끝부분에도 O링과 나머지 클래습을 연결해 맞물릴 수 있게 만든다.

3 끈의 중심 부분에 눈 모양 단추를 실로 단다.

4 3의 단추를 중심으로 5mm 간격을 두고 한쪽에 앤티크 단추를 각각 2개씩 단다.

Tip

카키색 스웨이드 끈을 준비해 같은 방법으로 팔찌를 만든다. 중앙에는 눈모양 단추 1개만 단다. 이렇게 만든 팔찌 2개를 함께 착용하면 화려한 룩으로 마무리 할 수 있다.

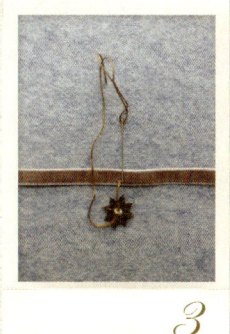

요즘 유행하는 팔찌 스타일이에요. 원석 대신 빈티지 터널 단추와 미니 단추를
이용해 더 독특하고 비비드한 팔찌를 완성했어요. 이 팔찌는 색이 다른 것을
2~3개 겹쳐서 차는 것이 더욱 예뻐요.

Bracelet

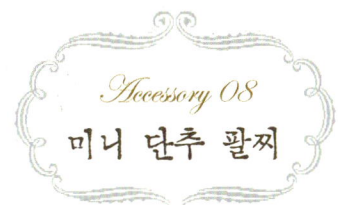

Accessory 08

미니 단추 팔찌

재료 1.3cm 노란색 단추 1개, 미니 단추 48개, 청동 비드 팁 2개, 누름볼 2개, 3mm O링 2개, 5mm O링 1개, 우레탄 줄 적당량, 가위, 평 집게, 9자 집게

1 우레탄 줄에 단추를 통과시킨다. 다시 다른 단추를 줄에 끼운다.

2 단추를 차례로 하나씩 끼워서 그림처럼 위아래로 단추가 하나씩 놓이게 끼운다.

3 15cm 정도 길이가 되면 우레탄 줄에 비드 팁을 끼우고 누름볼을 끼운 뒤 평집개로 누름볼을 누른다. 누름볼 위에 나온 줄을 가위로 자르고 평 집게와 9자 집게로 비드 팁을 눌러서 닫는다. 반대편도 같은 방법으로 마무리한다.

4 팔찌의 한쪽 끝 비드 팁을 O링과 연결한 뒤 클래습을 연결한다.

5 다른 끝은 O링과 5mm O링, 노란색 단추가 이어지게 연결한다.

Tip

한쪽 면은 컬러풀한 단추로 이어지게 끼우고 다른 반대편은 화이트와 아이보리 톤으로 끼워 주면 앞뒤가 서로 다른 느낌으로 마무리할 수 있어서 앞뒤 모두 착용이 가능하다.

1

2

3

4

5

Bracelet

특별한 날을 위한 가죽 팔찌로, 빈티지한 단추로 장식을 하고 도트 단추로 마무리해서 더욱 멋스러워요. 다른 장식 없이도 충분히 화려한 아이템으로 가죽과 단추의 조합이 고급스럽죠. 여성스러운 스타일의 옷과 매치하면 언밸런스한 조화를 주어 룩에 에지를 줄 수 있어요. 흔히 볼 수 없는 스타일을 원한다면 한번 시도해 보세요.

196

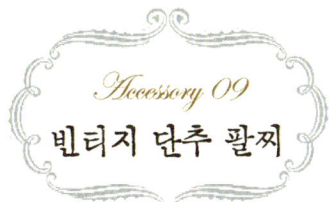

Accessory 09
빈티지 단추 팔찌

How to make --------------------------------

재료 8mm~2.8cm 빈티지 단추 32개,
1.5cm 도트 단추 2세트, 투명 와샤 4개,
검은색 가죽 22×7cm, 와이어 적당량, 니퍼,
도트 단추 기구, 글루건, 가위, 펀치

1 가죽을 사진과 같이 하단이 좁아지도록 둥글게 그
  린 뒤 가위로 자른다.

2 옆면의 상단의 끝부분부터 8mm 정도 안으로 들어
  온 부분에 펀치로 구멍을 뚫어 도트 단추의 겉숫놈
  을 끼운 뒤 안쪽에 투명 와샤와 겉암놈을 기구로
  박는다. 같은 위치의 하단에 같은 방법으로 하나 더
  단다(p.021 만드는 법 참고).

3 반대편 옆면의 상단에 펀치를 구멍을 낸 뒤 안쪽
  에 투명 와샤와 도트 단추 안숫놈을 끼운 뒤 바깥
  쪽에 안암놈을 대고 기구로 단다. 밑에 하나 더 같
  은 방법으로 단다.

4 단추는 모두 와이어로 구멍을 연결한 뒤 뒷면에
  서 꼬아서 마무리한 다음 남은 부분은 니퍼로 자
  른다.

5 글루건으로 팔찌에 단추를 붙인다. 팔찌의 검은 가
  죽 바닥이 듬성듬성 보일 정도로 채워 나간다.

6 모양이 특이한 단추나 컬러풀한 단추를 5의 윗면
  에 겹쳐 붙인다.

Tip

단추의 컬러는 노란색, 오렌지색, 빨간색 정도
의 3가지 컬러만 믹스해서 사용하는 것이 좋
다. 같은 컬러군에서 톤이 조금씩 다른 것은
괜찮지만 너무 다른 컬러가 들어가면 산만해
보이고 자칫 촌스러워지기 쉽다.

1 2 3 4 5 6

Ring

단추와 원석을 활용해 만든 반지입니다. 중앙에 포인트가 되는 단추를 달았지만 마치 비즈나 보석을 단 것 같은 느낌을 줍니다. 어둡고 탁한 컬러의 원석으로 링을 연결하면 가을, 겨울에 좋고, 밝고 가벼운 소재를 선택하면 여름 내내 활용하기 좋은 아이템이 됩니다. 고무줄로 만들어서 어느 손가락에나 끼워도 좋아요. 아이들에게도 잘 어울리는 스타일입니다.

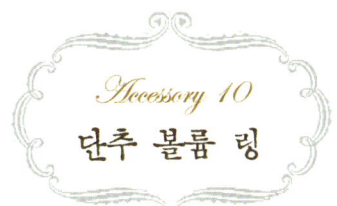

Accessory 10
단추 볼륨 링

Plus Idea

How to make

재료 1.3cm 핑크 톤 터널 단추 1개,
1cm 베이지색 터널 단추 1개,
3mm 보라색 원석 13개, 3mm 빨간색 원석 13개,
우레탄 줄 적당량, 가위

1 우레탄 줄에 빨간색 원석을 모두 끼운다.

2 베이지색 단추를 1의 줄에 연결한다.

3 2의 우레탄 줄을 둥글게 말아서 매듭지은 뒤 남은
   부분은 가위로 자른다.

4 같은 방법으로 보라색 원석에는 핑크 톤 단추를 끼
   운 뒤 매듭지어 하나 더 만든다.

 Tip

우레탄 줄이 풀리지 않도록 매듭을 2번 이상
튼튼하게 지은 뒤 자르고 매듭 부분은 단춧구
멍 안으로 숨겨 준다.

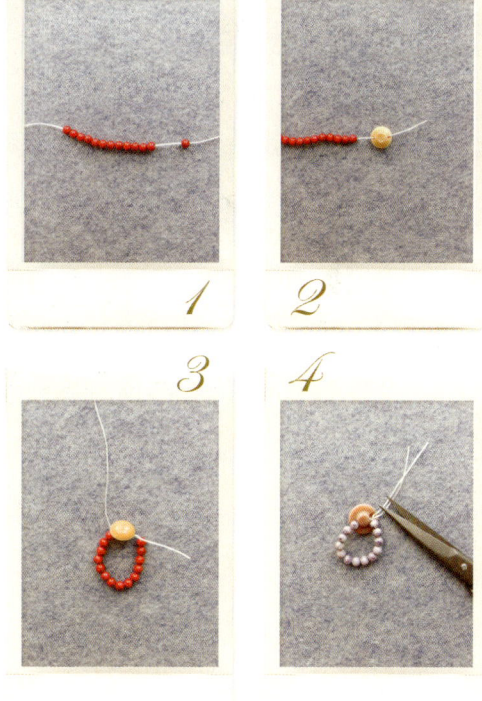

Button Ring

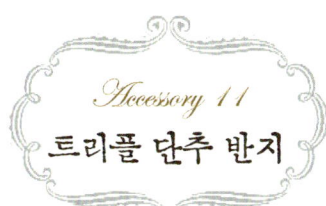

Accessory 11
트리플 단추 반지

단추의 느낌을 한껏 살린 반지예요. 기존의 반지와는 다른 강렬한 독특함이 느껴져요. 큰 원형 단추와 작은 단추들을 함께 활용해 반지 장식으로 함께 활용했어요. 총 3가지 사이즈의 단추로 만든 트리플 단추 반지는 어떤 스타일에나 잘 어울려서 생각보다 자주 착용하게 된답니다.

 *How to make* ------------------------------

재료 2.5cm 초록색 단추 1개, 1.1cm 오렌지색 단추 1개, 8mm 단추(초록색 · 보라색) 2개, 반지 대 1개, 풀색 실 · 연핑크색 실 약간씩, 글루건, 가위

1 초록색, 오렌지색 단추는 풀색 실로, 보라색 단추는 연핑크 색 실로 X자로 실을 끼워 매듭짓는다.
2 2.5cm 단추 위에 1의 단추를 삼각형 모양이 되도록 글루 건으로 붙인다.
3 반지 대 위에 2의 단추를 글루건으로 붙인다.

Tip

2가지 색 실로 단추를 연결해 주는 것이 포인트. 은은하게 서로 잘 어울리는 실을 선택하는 것이 좋다.

1

2

3

Earring

Accessory 12
투톤 귀고리

앤티크 액세서리 숍을 가 보면 단추로 귀고리를 만든 작품을 가끔 볼 수 있습니다. 크기가 다른 단추를 이용해 귀고리를 만들었어요. 귀에 딱 붙는 작은 스타일은 귀여우면서 우아해 누구나 부담없이 착용할 수 있답니다. 로맨틱한 핑크와 퍼플 컬러라 더욱 사랑스러워요.

How to make ------------------------------

재료 2cm 보라색 단추 2개, 8mm 핑크색 단추 2개, 금색 포스트 훅 2개, 핑크색 실 약간, E6000, 가위

1 핑크색 단추에 핑크색 실로 구멍 부분을 끼워서 매듭짓는다.

2 보라색 단추에 핑크색 단추를 중앙보다 조금 사이드 쪽으로 기울여 E6000으로 붙인다.

3 단추 뒷면에 금색 훅을 E6000으로 붙인다.

Tip

귀고리의 뒷면을 깨끗하게 마무리하려면 귀걸이 훅을 넘지 않도록 본드의 양을 조절하는 것이 좋다.

1

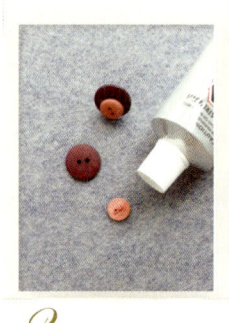
2

3

Earring

아크릴 단추와 시드 비드로 만든 귀걸이입니다. 투명한 단추가 빛에 반사될 때마다 마치
크리스털처럼 반짝거려요. 아크릴 소재라 무겁지 않아서 귀에 걸었을 때 부담이 없지요.
여름날을 반짝반짝 빛나게 해 줄 소중한 완소 아이템이랍니다. 컬러가 들어간 단추를 선
택하면 더욱 색다른 느낌을 줍니다.

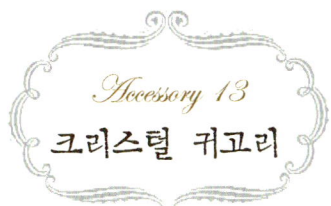

Accessory 13
크리스털 귀고리

Plus Idea

How to make ------------------------

재료 2.5cm 초록색 아크릴 단추 2개,
연두색 시드 비드 6개, 3mm O링 2개, 꼬마 훅 2개,
비드 팁 2개, 누름볼 2개, 와이어 약간, 평 집게,
9자 집게, 니퍼

1 와이어를 8cm 길이로 잘라 아크릴 단춧구멍에 끼운다.

2 2줄의 와이어에 시드 비드를 3개 끼운다.

3 비드 팁을 끼운 뒤 누름볼을 끼우고 평 집게로 눌러준 다음 남은 와이어를 니퍼로 자른다.

4 집게를 이용해 비드 팁에 O링과 꼬마 훅을 연결한다.

Tip

초록색 단추 대신 투명한 단추를 이용해 같은 방법으로 하나 더 만든다. 보다 튼튼하게 마무리하려면 누름볼을 누른 뒤 남은 부분을 1번 꼬거나 매듭지은 뒤 잘라 준다.

1
2
3
4

Chou Chou

Accessory 14
슈슈

가장 자주 사용하는 헤어 액세서리인 슈슈. 싸개 단추를 만들고 가운데 다시 리본 단추를 장식해서 아기자기한 멋을 더했어요. 프레임이 화려한 단추를 달아주면 더욱 사랑스러워집니다. 여러 가지 컬러로 만들어 매일 사용하는 데일리 아이템으로 활용해 보세요.

How to make ------------------------------

재료 2.9cm 싸개 단추 3개,
리본 단추(남색 · 레몬색 · 하늘색) 3개,
꽃무늬 천(파란색 · 흰색 · 남색) 약간씩, 링 고무줄 6개,
남색 실 약간, 싸개 단추 몰드, 바늘, 가위, 니퍼,
글루건

1 3가지 꽃무늬 천은 몰드에 들어 있는 도안을 대고 각각 원형으로 재단한다. 1.2×2cm 크기로 직사각형 모양으로 같은 천마다 하나씩 재단한다.

2 둥글게 재단한 꽃무늬 천을 싸개 단추 아래에 깔고 몰드로 싸개 단추를 만든다. 뒷면의 고리는 니퍼로 제거한다(p.022 만드는 법 참고).

3 싸개 단추 뒷면에 링 고무줄을 2줄씩 올리고 글루건을 바른 뒤 같은 패턴의 직사각형 천을 덮어서 고정한다.

4 싸개 단추의 중앙에 리본 단추를 하나씩 올리고 남색 실로 바느질한다.

싸개 단추의 겉 표면에만 바느질이 가능하므로 매듭이 겉면에서 잘 보이지 않게 주의하면서 단추를 단다. 매듭을 지은 뒤 가까운 부분에 바늘을 꽂고 매듭과 먼 부분에 바늘을 뺀 뒤 실을 세게 잡아당기면 매듭이 천 안으로 들어가서 매듭을 숨길 수 있다. 남은 실은 잘라 준다.

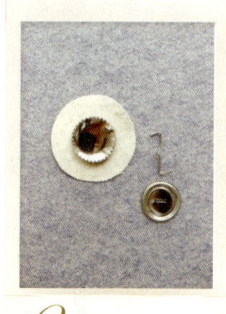

1 *2*

3 *4*

Hair band

Accessory 15
헤어밴드

누구나 사랑하는 아이템인 헤어밴드. 플라워 모양의 단추와 모티브를 달아 주었더니 마치 헤어밴드에 꽃을 단 것 같아요. 단추 몇 개만 달면 완성되는 손쉬운 리폼 방법이지만 효과는 만점입니다. 잘 쓰지 않던 단조로운 디자인에 단추를 더해 새것보다 더 예쁜 로맨틱한 헤어밴드를 완성해 보세요.

How to make

재료 1.8cm 꽃무늬 단추 2개,
1.6cm 파란색 단추 1개, 1.4cm 하늘색 단추 2개,
레이스 모티브 1장, 하늘색 · 연보라색 헤어밴드 1개씩,
파란색 실 약간, 가위, 글루건

1 파란색 실로 파란색 단추의 단춧구멍에 끼운 뒤 뒷면에서 매듭짓는다.

2 하늘색 헤어밴드에 단추 사이즈별로 1개씩 글루건으로 단추를 하나씩 차례로 붙인다.

3 연보라색 헤어밴드에 레이스 모티브를 붙인다.

4 레이스 위에 꽃무늬 단추와 하늘색 단추를 글루건으로 붙인다.

Tip
헤어밴드에 단추를 붙일 때는 중앙으로부터 조금 측면으로 내려온 부분에 붙여야 측면에 단추가 달려서 더 예쁘다.

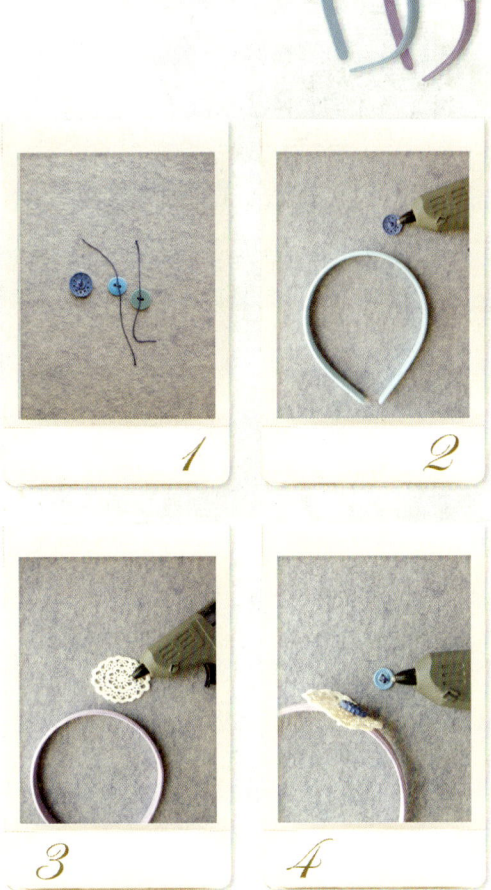

1

2

3

4

IMINACRE
La Carte 1 Fr.
Mode de France
La Carte MADE IN FRANCE Déposé
IMINACRE
La Carte 1 Fr.
MUTUAL
MADE BY DELONG
24 HOOKS 12 EYES 12 LOOPS
SIZE 1
ALL BRASS-RUST NEVER!

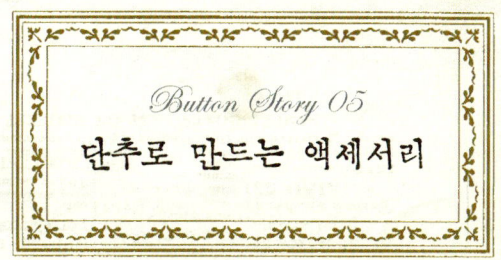

Button Story 05

단추로 만드는 액세서리

프랑스나 미국 빈티지 시장에서는 단추로 만든 액세서리를 쉽게 볼 수 있죠. 최근에는 빈티지 단추를 이용해 액세서리를 만드는 작가들도 등장하고 있습니다. 단추는 그 자체로 액세서리가 되는 경우도 많습니다. 부자재에 부착만 해주면 보석이나 다른 재료보다 돋보이는 아이템을 만들 수 있기도 하지요.

액세서리로 사용하는 단추는 보석, 플라스틱, 유리와 아크릴, 나무 등 다양한 소재를 사용할 수 있습니다. 각각의 소재에 따라 너무도 다양한 느낌을 낼 수 있으나 고급스러운 느낌을 강조하고 싶다면 유리나 보석 장식의 화려한 단추가 좋고, 소박한 느낌을 주고 싶다면 나무나 플라스틱이 적당합니다. 주의할 점은 너무 무겁지 않은 단추를 선택해야 한다는 것입니다. 무거우면 부담스러워 착용을 꺼리게 되는데 특히 귀걸이는 불편하게 늘어질 수 있으므로 무거운 단추는 부적합해요. 또한 너무 큰 단추보다는 작은 단추가 더 세련된 느낌을 줄 수 있지요.

액세서리를 만들 때는 일정한 크기의 단추를 사용하면 통일성을 주며 서로 다른 크기의 단추를 믹스해서 사용하면 리드미컬해집니다. 그리고 구멍 단추나 터널 단추는 그냥 달아도 되지만 고리형 단추는 액세서리로 이용하기에는 다소 불편한 점이 있으므로 고리를 제거하거나 핀으로 연결해서 사용하세요.

최근 액세서리는 금, 은, 보석 등으로 만든 고가의 파인 주얼리나 보다는 점점 유니크한 디자인과 룩에 포인트가 되는 화려한 스타일, 독특한 디자인의 커스텀 주얼리를 선호하는 추세입니다. 색과 디자인 소재 등이 독특한 단추를 이용해 세상에 하나뿐인 나만의 액세서리를 만들어 보면 어떨까요.

반짝반짝 단추 쇼핑

✽ 온라인 쇼핑몰 ✽

이베이 www.ebay.com

빈티지 단추의 경우 국내에 수입 판매하는 곳이 있지만 가격이 상당히 비싸다. 소량만을 판매하기 때문에 다양한 단추를 구매하기도 쉽지 않다. 이럴 때는 이베이에서 쇼핑을 하는 것도 한 방법. 이베이는 다양한 제품을 만날 수 있기 때문에 취향에 맞는 단추를 저렴하게 살 수 있다는 장점이 있다. 하지만 경매에 참여해야 하고 해외 배송을 받아야 한다는 것이 단점이다. 이베이에 'button'이라고 입력하면 다양한 상품을 구경할 수 있으며 'bye it now'의 경우 경매 없이 바로 구매 가능하다. 판매자별로 해외 배송이나 한국 배송이 되지 않는 경우가 있으므로 사전에 체크할 것. 배송은 판매자별로 1주일~3주일 정도 걸리며 미국 물건의 경우 대부분 2주 안에 도착한다.

대화단추 www.dhdanchoo.com

의류 부자재를 취급하는 단추 전문 도매상으로 부산진시장 1층에 대화단추 매장이 있다. 오프라인 매장에서 직접 구매도 가능하다. 대량으로 구매하면 도매가로 구매 가능하며 원하는 색상으로 염색하거나 로고 단추 등을 제작할 수 있다. 보석 단추의 경우 액세서리로 만들 수 있도록 옵션에서 부자재도 함께 구매할 수 있다.

버튼박스 www.buttonbox.co.kr

카테고리별로 정리가 잘 되어 있는 단추 쇼핑몰. 기본 단추, 싸개 단추, 똑딱 단추, 떡볶이 단추 등 소재별로 카테고리도 나뉘어져 있어 원하는 단추를 쉽게 찾아서 구매할 수 있다. 또한 단추 뿐 아니라 간단한 부자재를 함께 구매할 수 있다. 이니셜 단추도 이곳에서 구입할 수 있다.

버튼제이 www.buttonj.co.kr

아기자기한 단추를 구입하고 싶을 때 들리기 좋은 숍. 캐릭터 단추, 다양한 패턴의 패브릭으로 감싼 싸개 단추, 패턴이 들어간 단추 등 귀여운 단추들만 모여 있다. 식품, 인형, 동물, 사물 등 독특한 모양의 수입 단추도 함께 판매하고 있다.

버튼팩토리 www.buttonfactory.co.kr

셔츠, 코트 등 가장 많이 찾는 단추 카테고리와 금속, 큐빅, 나무, 캐릭터 등 인기있는 단추를 분류해 놓아 원하는 단추를 편리하게 쇼핑할 수 있다. 신제품도 빨리 업데이트가 되므로 새로운 단추를 빨리 만날 수 있다. 웬만한 국내 단추는 모두 만날 수 있을 정도로 다양한 단추를 판매한다.

하비스트 www.hobbyist.co.kr

수공예 용품 수입 유통 전문 회사 하비스트의 쇼핑몰. 미국, 일본, 호주 등 다양한 곳의 수입 단추를 구매할 수 있다. 단추 뿐 아니라 기화성 펜, 바늘, 가위, 핀 등 바느질과 관련된 다양한 부자재도 함께 구입할 수 있다. 단추의 종류는 다양한 편이 아니지만 색다른 수입 단추를 구매하고 싶은 경우에 들려볼 만하다.

다양한 단추를 구입할 수 있는 곳을 소개합니다. 시장의 경우 도매를 위주로 하므로 많은 양을 구매하는 경우에 방문하기 좋습니다. 독특한 단추를 발품을 팔아 찾아내고 싸게 구입할 수 있는 재미가 있지요. 온라인 쇼핑몰은 집에서 편안히 쇼핑을 할 수 있고 소매를 기본으로 하기 때문에 1~2개의 적은 양도 주문할 수 있는 것이 장점입니다.

⊱ 시장 ⊰

가네트
동대문 종합시장 B동 2512호
02-2278-1261
도·소매 단추 전문점. 컬러풀한 단추와 레이스 단추 등 디자인이 다양한 단추가 눈에 띈다. 규모가 크지는 않지만 가네트만의 독특한 스타일을 갖고 있다. 컬러풀한 단추와 산뜻한 디자인의 플라스틱 단추를 구매하기에 좋은 곳이다. 여성스럽고 귀여운 단추와 아기자기한 플라스틱 단추가 많다.

반도상사
동대문 종합시장 A동 5200호
02-2278-6429
단추와 간단한 의류 부자재를 함께 판매한다. 샘플이나 재고를 풀어 놓아서 사이즈나 모양이 구분되어 있지 않아 원하는 단추를 쉽게 찾아내기 어려운 단점이 있지만 반면 원하는 스타일을 뒤적여가며 찾는 재미가 있다. 가격이 저렴하고 낱개로도 구매 가능하다는 것이 장점. 기본 단추는 대량을 구입할 경우 도매가로 살 수 있다.

동명금속
동대문 종합시장 B동 1525호
02-2268-1285
1977년 창립한 곳으로 공장을 함께 운영하는 수출용 의류 부자재 전문점. 단추 뿐 아니라 버클, 구두 장식, 스트링, 징 등 다양한 부자재를 함께 판매하고 있다. 시장에서는 소매 구입이 가능하며 특히 다양한 디자인의 금속 단추를 구할 수 있다. 금속 소재의 단추와 부자재를 찾을 때 쇼핑하기 좋은 곳으로 가격이 저렴한 편이다.

유니온
동대문 종합시장 B동 2476
02-2272-0880
단추 전문점. 도매를 주로 취급하는 곳이지만 소매로도 구입 가능하다. 다양한 구멍 단추와 싸개 단추를 만날 수 있다. 플라스틱, 니켈, 금속 등 기본 단추가 많으며 같은 디자인의 다양한 사이즈가 구비되어 있다. 새롭게 제작된 신제품 등 국내에서 디자인된 다양한 단추를 만날 수 있다. 사각 단추 보관함에 깔끔하게 정리되어 있어 고르기 편하다.

데일 아트
동대문 종합시장 D동 2575호
02-2267-8433
가죽 단추, 수작업한 매듭 단추, 빅 단추, 디자인 단추 등 독특한 모양과 소재의 단추를 취급하고 있다. 염색 단추 등 주문 제작이 가능하며 일본, 대만으로 수출하는 단추도 많다. 수입 단추도 함께 판매한다.

보타니
동대문 종합시장 D동 2606호
국내에서 제일 큰 규모의 단추업체 (주)두양의 보타니는 도매와 소매가 가능한 단추전문점. 다양한 재질과 모양의 단추를 보유하고 있다. 다량 구입 시 원하는 디자인과 크기로 제작 가능하며 보타니에서 직접 제작한 신상 단추도 판매한다. 다양한 모양과 소재, 형태의 단추가 사이즈별로 구비되어 있어서 한눈에 단추를 파악할 수 있다. 쾌적한 쇼핑이 가능한 곳.

I Love Button
아이 러브 버튼

초판 1쇄 발행 2011년 10월 1일

—

지은이 서은

—

펴낸이 문영애

—

사진 백경호(planar)
디자인 서선아

—

출력 Born Process
인쇄 (주)영창인쇄

—

펴낸곳 수작걸다
주소. 423-789 경기 광명시 소하동 1289 301-901
전화/팩스. 02-2066-7044
이메일. suzakbook@naver.com
블로그. http://blog.naver.com/suzak

—

값 13,800원

ISBN 978-89-965084-4-1 13590

* 수작걸다는 '말과 말을 걸다'라는 뜻의 출판 브랜드입니다.

FASHION SPECIAL

69¢

MADE IN ITALY
2423 NAVY 3 COUNT

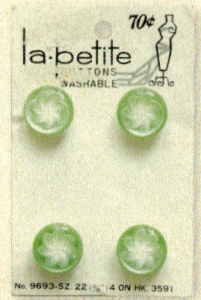

70¢

la·petite
BUTTONS
WASHABLE

No. 9693-SZ 22 (½") 4 ON HK. 3591

69¢

2964 GUARANTEED WASHABLE
LT BLUE

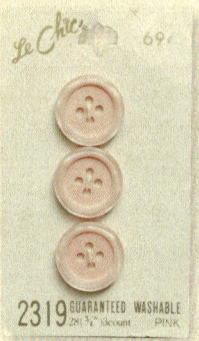

69¢

2319 GUARANTEED WASHABLE
PINK

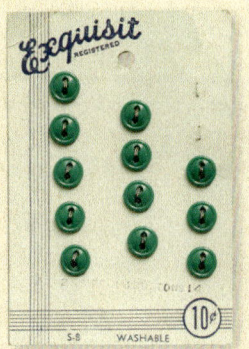

Exquisit
REGISTERED

10¢

5-8 WASHABLE

La Mode

50¢

Buttons
Schwanda

8 ON GEL

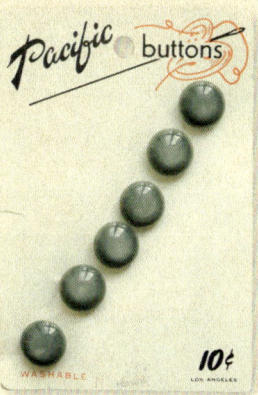

Pacific buttons

WASHABLE

10¢

LOS ANGELES

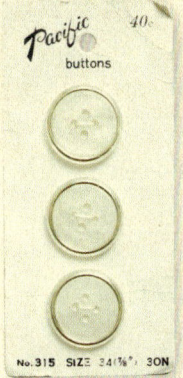

Pacific
buttons

40¢

No. 315 SIZE 34(⅞") 3ON

JHB Collection
BY Countess $1.20

The Joy of Crafting

13,800원

13590

9 788996 508441
ISBN 978-89-965084-4-1